方芳 著

再美丽的未来，抵不过温暖的现在

中国华侨出版社

前　言

很多时候，我们都在上演着迫不及待的生活：脚步越来越匆忙，神色越来越慌张，总怕来不及、赶不上……之所以这么急切、这么拼命，是为了有个美好的未来。然而，关于未来，在尚未到来之时，一切美好的愿景都是未知。

有时，我们拥有的是这样一种"乐观"的心态：现在的生活很糟糕？没关系，不用管它，以后会好的。希望是好的，但谁又能保证，"以后"的生活不会更糟糕呢？

当时光成为过去时，我们才恍然，原来自己曾经拥有过美好，抑或是在懊恼为什么当初没有先见之明。很多时候，我们对时间的态度出现了偏差，对过去和未来的关注超出了现在。其实，所有的一切都是在当下发生的，过好了每一个现在，当时光流逝，便不会再有那么多遗憾，当未来到来，也不会在抱怨曾经的自己。

奥尔罕·帕慕克在《纯真博物馆》中说：其实任何人，在经历时，都不会知道自己正在经历一生中最幸福的时刻。后知后觉是我们常常犯的错误。偶尔，你会觉得时间过得很慢，但回首时便会惊觉，人生并没有看起来那么漫长，它容不得我们对当下的一丝丝浪费。

再美丽的未来，也抵不过温暖的现在。当你拥有每一个温暖的现在，就能拥有美丽的未来。现在的你，需要向过去告别，离开曾经的温床，面对现实；现在的你，要懂得努力的意义，别只怀抱着希望空想；现在的你，虽然柔软却依然拥有力量，别浪费它，去独自面对那些曾经令你恐惧的一切……

每一个当下，努力生活的你都会发现，原来生活从不曾亏待任何人，只是你未曾踮起脚尖去接纳。

目录
Contents

第七章 真正的成熟，是学会和自己在一起

第八章 不是努力就会成功，付出就能得到

第一章
每个人都该学着向过去告别

过去，不过是过眼云烟。

今后的每一天，都是新的开始。

放下过去的那些美好或令人烦恼的往事，

从今天开始重新寻找生活的阳光。

1

生活并非只能二选一

驾驶车辆最重要的不是一味地比速度，

而是学会在必要的时候刹车，

调整一下，思考一下。

"小巷思维"是形容不计代价地为了达到一个目的，也叫一条道走到黑，不撞南墙不回头，不是进，就是退，要么成功，要么就放弃。这就是"小巷思维"！另一种解释也叫"胡同思维"：形容一个人容易把自己的思维限定在一个狭窄的空间里，然后形成思维定式，固执地往前走。学术的叫法是"沉没成本"，是指人们在为了某个决定付出了一定代价后，会做出有利于实现最初那个决定的第二个决定、第三个决定，为的是避免之前所做的努力付诸东流，其实，之前的任何决定都是不可收回的沉没成本。

由于人在小巷当中，不是进，就是退，所以很容易造成压力。压力一多，就容易失控。一旦失控，就面临失败。到底是什么把人推向小巷当中呢？答案是你自己。人们总是想要用最快、最好、最省力的方法来达到目的，结果在不知不觉当中就走入了小巷当中！

驾驶车辆最重要的不是一味地比速度，而是学会在必要的时候刹车，调整一下，思考一下。也许事情不是像我们自己感受的那样，只要走出小巷就可以看见一片蓝天。所以我们要懂得随时停下来，看看自己是在小巷之中还是处在一片开阔地，小巷只能进和退，而开阔地四面八方都是路。当我们只是一味往前走，而不是左突右冲地寻找出路时，我们就如同在迷宫中逡巡，是不可能找到出口的。

面临抉择的时候应该考虑当下的各种因素，而不是过去你曾做过什么决定。突破"小巷思维"模式，摆脱思维惯性阴影的羁绊，突围出去，别有洞天！

大千世界，芸芸众生，大富大贵者寡，穷困潦倒者亦少，大多数人都是平常之家，既不太穷，也不太富。实际生活中许多事情都是同理，即处在两个极端的人少，而大多数人都在中间。

当今世界资讯发达，报纸、杂志多如牛毛，电视、电脑、互联网迅速普及，人们接受的信息呈爆炸式的增长。这固然是好事，但由于有时我们接受的某一方面的信息太多，容易对我们的判断造成困扰，所以我们必须正确地梳理我们所接收到的信息，才能得出正确的结论。比如当我们翻开报纸、打开电视，经常看到什么什么人得了什么类似白血病、各种癌症等的不治之症，使人不寒而栗，但细细分析，遭受这种不幸的人是极少数，这和遇到车祸一样是小概率事件，只是可怕罢了。人们听到这些消息，一些心理素质差的人便开始惶惶不可终日，生怕自己或自己的家人遭此不幸，于是开始担心这担心那，弄得生活很紧张，没有任何乐趣可言。一个人即使拥有很优越的环境，拥有无数的金钱，拥有崇高的地位，但只要他天天处在恐惧之中，那也是毫无快乐可言的。何况对平民百姓而言，生活本身就是平淡的、无味的、艰辛的，如果我们自己不去寻找生活的乐趣，还经常自己吓唬自己，那还能活在这个世上吗？

我们不能和自己过不去，一定要主动去找寻生活的快乐。实际上，世上的事情没有绝对的好和坏，没有绝对的生和死，没有绝对的成功和失败，在生和死之间、在成功与失败之间还有很大的一块开阔地。我们考虑事情万万不能陷入一种"小巷思维"，即我们不能使自己陷入这种二选一的境地，只能前进或者只能后退两种选择，我们应该有更多的选择。若你陷入这种小巷思维之后，你会很痛苦，因为你的选择面太窄，回旋的余地太小，非彼即此，这是多么可怕的一种境地。其实在战场上这也是很可怕的事情，是在没有办法的时候的最后一搏，是一种没有任何胜算的赌博。我们钦佩这种勇气，也应该具有这种勇气，但最好还是别把事情搞到这种境地，因为这种境地离绝地很近，我们应该在此之前就把事情解决掉。

生活中，我们的行为方式应该以大概率事件作为依据做出决策，而不能以小概率事件为依据做出决策。比如当你身体不适时，首先要相信是小毛病，并不是什么大不了的事情，绝不能想这是什么不治之症，是生和死的问题，不能陷入这种二选一的小巷思维，否则你就会惶惶不可终日，你会异常痛苦。所以立世之道在于豁达，生活之道在于知足。一个乐观主义者，即使他的物质生活不如悲观主义者，但他的生活质量也会远远地高于悲观主义者，因为他有一颗快乐的心。

2

每一天，拥有一个新的开始

每天起来都要给自己一个美丽的微笑，

用最平和的心和最炽热的情感迎接新的挑战。

忘记过去的成功，重新开始，你就可能再度成功。著名科学家居里夫人在发现了钋之后并没有骄傲，她把过去的一切成就抛到脑后，又发现了镭，在此之后又提炼出了镭。居里夫人在一次成功之后便忘记了过去的成功，从而又一次获得成功，她本人也成为了两次获得诺贝尔奖的科学家。

我们不但要忘记过去的成功，也要忘记曾经的失败，重新开始，才会具有锲而不舍的精神，也才有可能成功。爱迪生在发明电灯的过程中并不是一帆风顺的。他找寻了许多种材料来做灯丝，经过成千上万次试验都失败了，然而他并没有因为这一次次的失败而放弃，他把它们都忘记了，锲而不舍，最终发明了电灯。尽管以后人们发现了更好的灯丝材料，但他的精神值得我们学习。我们不能因为一两次失败而倒下，要忘记这些失败，重新开始，光明就在不远的前方；如果爱迪生被许多次的失败击倒的话，我们今天可能在夜里就看不见光明，所以我们要忘记过去的失败重新开始。

忘记过去并不意味着什么都要忘记。忘记成功只是告诫你不能因为成功而骄傲，要把它忘记，你才能从头开始新的奋斗。忘记失败也只是要你忘记失败所给你带来的伤心和痛苦，不能忘记失败的教训，应该牢记这教训、忘记伤心上路。不管过去是成功还是失败，我们都要将它忘记，重新开始新的旅途。忘记过去的辉煌，你就不会满足于已有的成就，继续像以前一样为了目标而奋斗；忘记过去的失败，你就不会因为小小的挫折而自暴自弃，你就会拥有比原来更雄厚的自信心，才能经得起失败的考验，才能一步一步走向成功。所以不论过去是美好还是懊恼，将一切留在身后，然后重新开始。

每一天都是新的开始，新的开始一定要给予自己更多的快乐和幸福。就算昨天再悲伤、再痛苦，这一切都已经成为了过去，而现在就是一个新的起点，打开窗户，让清风吹在脸上，让视野再宽阔一些。告诉自己，要把昨天的悲伤变成今天的快乐，把昨天的失败变成今天的成功，把昨天的不幸变成今天的幸福。如果昨天快乐、昨天幸福、昨天成功，那么，为了一个同样的目标，今天也还是一个新的起点。

每一天都是新的开始，许多昨天做着的事需要继续，许多新的想法都要付诸行动，许多发生过的错误都要修正。昨天已成为过去，因而不能把昨天的疲惫带给今天，不能把昨天的失落带给今天，不能把昨天的痛苦带给今天，更不能把昨天的错误带给今天，我们没有理由用昨天的错误惩罚自己。新的开始是成功的继续和创新，只有把每一天当成新的开始，只有把昨天作为新的起点，时刻做好起跑的准备，才能跑得更快、更远。

每一天都是新的开始，新的开始总会有新的挑战，早晨起来第一件要做的事，就是告诉自己："我行，我已经准备好了。"每天起来都要给自己一个美丽的微笑，用最平和的心和最炽热的情感迎接新的挑战。也许今天会面临比昨天更大的困难、更多的挫折，然而，坚强面对，勇敢地迎上去，一定会有意外的收获。即使结果不能够尽如人意，但我们努力了，我们尽心尽力地做了，我们给明天留下的是希望而不是遗憾。

每一天都是新的开始，新的开始总会有新的期待，有期待就会有希望。所以，从今天开始，为了自己的期待，为了心中的希望，用全新的生命迎接每个新升的太阳，让自己的生命在循环往复中完善、成长，用最热情的态势去迎接生命中每一个新的开始。

每一天都是新的开始，新的开始总会面临着新的选择。昨天已经过去，明天也许是未知的。我们可能不知道自己以后的路通往何方，但我们知道自己的方向，选择了就要为自己负责，选择了就要为梦想付出，而这一刻我们能做的就是相信自己的选择。不害怕走错路，可怕的是明知走错了还要继续。

面对快速变化着的世界，我们能做的就是认识自己、了解自己，把过去放下，把现在扛起，把每一天当成一个新的开始，因此，我们的生活每天也都是全新的。请相信，生活是有趣的，尽管不断地经历着快乐、幸福、成功，痛苦、无奈、失败，但未来一定会有美好的东西等着我们。

③

过去的时光，留在过去，就很好

昨天的快乐不会使今天快乐，

因为快乐容易挥发；

昨天的痛苦会使今天更痛苦，因为痛苦容易凝固。

记忆盛不下太多的往事，一路走来，我们注定要忘记许多人与事。学会忘记是"去粗取精"，只有忘记那些应该忘记的，需要牢记的才会在心中留存。上天赐给我们最宝贵的礼物之一，便是"遗忘"。人生的路上，并非都是良辰美景、风花雪月，有时还会遇到各种各样的不幸和打击，这时，我们就要学会选择性地进行遗忘。

很多时候，我们要学会选择遗忘。因为，不要让记忆中那些悲伤的曾经，在不经意的触碰中又赤裸裸地显露出来，那从未真正愈合的伤口，就会因此涌出滚烫的血液。那种殷红，触目惊心！而心会更疼！遗忘，便是最好的方法了。

遗忘，并不是逃避，而是给予受伤的心的另一种安慰；遗忘，并不是自欺欺人，而是抚平伤口的另一种方式；遗忘，对于我们而言，或许，并不是一件坏事。遗忘在困难时的懦弱，用坚强与执着换来洋溢着成功的笑脸；遗忘与朋友的矛盾，我们并肩作战，实现彼此最初的梦想；遗忘对自己的怀疑，便可乘着自信的风帆远航；遗忘从前的种种不悦，让我们以朝气蓬勃的姿态重新出发；遗忘曾经的得意扬扬，用一丝不苟赢得更热烈的掌声！就算没有明天，就算前方还是黑暗，可是如果心间温暖，便也不会害怕。所以，我们要学会选择遗忘。遗忘悲伤，将那些温暖的记忆留于心中，温暖于心。

昨天的快乐不会使今天快乐，因为快乐容易挥发；昨天的痛苦会使今天更痛苦，因为痛苦容易凝固。可是，过去的已经过去，我们只有遗忘，忘却心中的苦闷与烦恼，期待未来，才能勇敢地迈开脚步前进。

有一个天使很热心、很善良，他时常到凡间去帮助人，希望能够让更多的人感受到幸福和快乐的味道。

一天，天使遇到一位诗人。他的妻子温柔美丽，儿子活泼可爱，还有一群热情善良的朋友，但是他却总是愁眉不展，唉声叹气，看起来十分不快乐。

天使走上前，问他："你看起来十分不快乐，我能够帮助你吗？"

诗人对天使说道："我什么都有，但是只欠一件东西，你能够满足我的愿望吗？"

天使回答说："可以，你缺少什么呢？"

"我缺少的是快乐！我的儿子太调皮很不听话，天天把我闹得心神不宁；我的妻子尽管温柔，但是我们没有共同的话题，每天也说不上几句话；我的朋友们更是烦人，有事没事天天都来家里拜访，打扰到了我的生活……"

妻子、儿子、朋友都不能让他感到快乐，这下子可把天使难倒了。天使想了想，说："我明白了，好吧，我满足你的愿望。"然后，他将诗人周围的所有人都带走了，只剩诗人孤零零地一个人生活在人间。

一开始，诗人还很高兴。但没过几天，他意识到没有了儿子的欢闹、妻子对他的体贴、朋友时常对他的鼓励，生活顿时变得凄凉无比，他才知道原来自己的生活是多么幸福。他后悔莫及，觉得自己活在世界上已经没有任何意义了，便准备死去。

正在这时，天使又来到诗人的身边，并将他的儿子、妻子和朋友又还给了他。诗人抱着儿子，搂着妻子，站在朋友们中间，他满脸笑容，不停地向天使道谢，因为他现在得到真正的快乐了。

其实，我们在生活中得不到幸福，是因为我们不懂得珍惜当下我们所拥有的。我们总是想着前方有"天堂"，或者想着未来有更好的东西，于是忽视了当下所拥有的。殊不知，你本身所拥有的东西正是你能够真正把握住的，只有认认真真地享受当下所拥有的，才能够算得上是真正的幸福。

古人云："天下本无事，庸人自扰之。"细细想来，还真是这么个理儿。人生不如意之事十之八九，遇到不顺心、对自己生活无益的人和事，能够学会遗忘，放下思想的包袱，把心放宽，何乐而不为？人生路漫漫，让我们多留些快乐的记忆给自己，所以，让我们学会忘记那些不快，记住那些快乐时光，我们的生活中也自然就会充满阳光。

学会忘却，也就学会了宽恕别人，同时也解救了自己。人生短短几十年，何苦撑得那么疲累，何不学着把该忘的都忘了？无论多么风光或多么糟糕的事情，一天之后，便会成为过去，所以，何必太在乎呢？

4

即使带着回忆，也要向前狂奔

有的回忆不仅仅是累赘，

更是带着倒刺的暗器，

我们一不小心就会被倒刺所伤。

生命如同一场旅程，我们都是路人，边走边观赏路边风景，有着各自的感受。聪明的人不会计较得失。某一刻，在某一个地点驻足回首，有一些足迹已经延伸至其他的方向，走出了视野之外，而自己脚下的这条路，又有了许多新的脚印。看着身后的那一串串脚印，心中会有片刻的感伤。对于以往，适时地怀念一下，凭借着些许模糊的记忆，偶尔的留恋会平添生活的美丽，然后，再一直走下去。就这样走走停停，简简单单，也是一种快乐与洒脱。

我们这一路颠簸而来，再回头看，对身后的风景总有另一番感叹。才知道自己怀念的究竟是怎样的人、怎样的事。生活就是这样，你永远都不知道自己会在哪里停留，永远都不知道谁会离开，当往事已随风飘散在空气中，我们能做的只能是一路欣赏。

记得要忘记，忘记那些不必重提的往事。有些事、有些人是不值得回忆的，干吗要死死守着那些即将腐朽了的记忆，强迫着自己翻来覆去地疼痛不已？或许现在只是走向幸福前在谷底的你——即使那些噩梦不断地缠绕，即使夜夜因此失眠，头疼欲裂。有些时候我们必须放弃一些东西，因为必定有另外一些东西值得我们为之放弃。比如回忆，有的回忆不仅仅是累赘，更是带着倒刺的暗器，我们一不小心就会被倒刺所伤，所以那些该忘记的事情，还是不要记起的好。

也许拥有是为了失去，相聚是为了离别。拥有了也就表示会失去，相聚也就表示会分离，何必勉强一切呢？人们有时根本就没有能力改变事情的结局，我们也只能去完善事情的结果，所以有些事我们应该选择遗忘，选择不再沉浸在过去的回忆中，选择好好地享受现在的生活。

时光的流逝永不停息，我们应该学会忘记过去的遗憾、过去的伤痛，因为还有许多美好的事在等着我们，有许多人支持我们。我们无法抗拒生命的流逝，就像我们无法抗拒每天太阳的东升西落，因此，我们应学会忘记。不要总把命运加给我们的一点儿痛苦，在我们有限的生命里反复咀嚼回味，那样将得不偿失，百害而无一益；一味地缅怀和沉醉其中，只能使我们意志薄弱，长此以往，必然地导致我们错失时机以至于一事无成，如此恶性循环，也必然使得我们的痛苦与日俱增。

忘记昨天，是为了今天的振作。干大事业往往会被一时得失所羁绊，而成功人士都懂得应该怎样让昨天的惨败变作明天的凯旋。

忘记烦恼，你可以轻松地面对未来的再次考验；忘记忧愁，你可以尽情享受生活赋予你的乐趣；忘记痛苦，你可以摆脱纠缠，让整个心沉浸在悠闲无虑的宁静中，体味生活的多姿多彩。

忘记别人对你的伤害，忘记朋友对你的背叛，忘记你曾有过的被欺骗的愤怒、被羞辱的耻辱，你会觉得你已变得豁达宽容，你已能掌握住你自己的生活，你会更加主动、有信心，充满力量去开始全新的生活。

席勒曾说："人，不应该总活在回忆里。"的确，固守过去，只能锁住智慧的仓库，让聪明者颓废，让愚昧者更无知。回忆或许是美的，然而就算它再美，在现在看来，也只能是属于过去，于现实只是空白，所以，忘记过去，忘记过去的辉煌，别让曾经的荣誉光环般环绕着你；如果你只生活在荣誉的影子里，沉溺于自认为辉煌的过去，时间老人只会鄙夷地从耕耘生活园地的犁耙上跨过，创造之神只会嘲笑般给你一把依旧笨拙的犁耙。

　　普希金曾说："一切都是暂时的，一切都会消失。"那么，与其恋守着快乐或痛苦的回忆，不如从回忆城里勇敢地走出来，以一份明朗的心情、一种平常的心态去对待。我们也许曾经失去，然而那不是忧伤，而是一种美丽，因为我们再次同太阳一起站在地平线上，用自己的认真去掌握曾经迷航的生命之舟。

5

真正的放下，是内心不再介意

只有学会了放下，

方能从容地前进。

　　许多人将自己的心门紧闭，却企求别人来开门。如果你自己不放下，别人永远也无法帮到你。"放下"是改变的开始。那就从学会放下开始吧。放下不是口说，而是心里放下。

　　一个老和尚带着一个小和尚赶路。走到一条河边，见到一妇女在河边着急，她过不了河。老和尚背起妇女过了河。过河后，老和尚放下妇女。

徒弟一看说:"师父,男女授受不亲,你背着个女人过河,你今天做错了。"

老和尚望了一眼小徒弟:"我已经放下了,你还没放下。"

生活中常常听人讲"拿得起,放得下"这句话。上面的小故事,说明了一个浅显易懂的道理:"放下"是动词,但有它抽象的概念意义。"放下"行为上放下了,嘴上放下了,但心里是否放下了呢?

因为人是以群居形式生活的,在集体活动中,不如意是常有之事,所以常常会产生烦恼。烦恼的多少,压抑感的多寡就取决于"拿得起,放得下",所以放下不在行动,不在嘴上,而在心里。

有一个人去滑雪,才第一天就摔断了腿。

那个人愤怒地说:"我真倒霉,为什么不在滑雪的最后一天才摔断腿呢!"

一旁正帮他紧急治疗的医生说:"你说得没错,今天的确是你能滑雪的最后一天啊!"

既然已经受伤了,再怎么愤愤不平,再怎么抱怨后悔,都是没有任何帮助的。眼前最重要的,应该是祝福和祈祷自己早日康复,同时保持身心的平衡和情绪的安定。

在马拉松比赛中获胜的人,是因为他放弃了自己原本跑 100 米的速度。人生其实是一个不断选择的过程,有时明智地选择放弃,知道如何割舍,也是一种智慧。因为在人生的道路上,知道如何割舍、如何放下,才能找到真正适合自己的道路。倘使什么都不放弃、什么都紧抓住不放,到最后反而会一无所有。只有学会了放下,方能从容地前进。

6

别再为了打翻的牛奶而哭泣

在挫折中迈过几道坎，拐过几道弯，

会发现成功在那里微笑着向你招手。

在我们的人生中，意想不到的事情随时都有可能发生。当你面对一些不幸的打击时，要学会潇洒地挥一挥手，告别昨天。过去的已经过去，我们为过去哀伤、遗憾，除了劳心费神，于事无补。要想发挥自己的潜能，取得事业的成功，我们必须忘却过去的失误和不幸。

在生活中，有些人终日为过去的错误而悔恨，为过去的失误而惋惜。然而，沉溺于过去的错误之中，是事业成功的一大障碍。若想成功，就必须向前，而不是为过去的事情而后悔。

我们经常会背诵这句词"人有悲欢离合，月有阴晴圆缺"。在人生的旅途中，因种种原因，有许多人会出乎意料地遭遇失去——失去财物，失去既得利益，失去健康，失去升学、就业、晋级、致富的机会……万一遭遇失去，我们又该如何去面对呢？

在美国纽约的一所中学里，有一个很差的班级。这个班的多数学生总为过去的成绩感到不安、灰心、失望、叹气、沮丧……进而影响了新的学习。他们的老师保罗博士得知这一情况后，给这个班的学生上了一堂难忘的课。

这天，保罗上课时，突然一下子将放在桌上的一大瓶牛奶打翻在地。"啪"的一声巨响惊呆在座的每一个学生，他们一个个目瞪口呆地看着桌上、地上四处流淌的乳白色液体，不知该怎么办才好。

这时，保罗的目光扫过每个学生的脸，同时大喊一声："不要为打翻的牛奶哭泣！"然后他又叫学生到讲台前仔细看一看："我让你们记住这个道理，牛奶已淌光了，无论你怎么后悔抱怨，都已无法挽回。我们现在能做的就是把它忘记，然后注意下一件事。"

在人生的征途中，不可能什么事情都一帆风顺，其中，总会伴随许多的困难和挫折，重要的不是我们失去了什么，而是我们得到了什么。我们每做一件事情，都会有经验和教训产生，经验固然可贵，教训亦不可忽视。但我们不能沉湎于教训的打击中，因为我们还要前进。

每个人的生命是有限的，为了不虚度光阴，使生命尽可能卓越，我们的确应该有所追求，努力用智慧和汗水创造业绩，然而，我们也应该正确看待失去，学会忍受失去，更要学会坦然面对我们所失去的东西。为了成就一番事业，有时不得不放弃一些感官享受；为了更好地实现自己的主要目标，有时不得不"丢卒保车"；尤其是为了不玷污自己的人格，有时不得不失去一些利益。

著名棒球手康尼·马克谈及如何对待自己输球的烦恼时说："过去我常常这样做，为输球而烦恼不已。现在我已经不干这种傻事了，既然已经成为过去，何必沉浸在痛苦的深渊里呢？流入河中的水，是不能取回来的。"失去的东西是不可能回来的，所以，我们不应该为此事而生气，而是应该学会坦然面对失去的东西。

坦然地面对人生的变故，告诉自己：聚散得失、潮涨潮落、花开花落，都是一份自然。相信自己，勇敢地走自己的路。"路漫漫其修远兮，吾将上下而求索”，屈原的这句名言，就是对人生之路的最好注解。

人生苦短，每个人都不可能完全做完自己想做的事，不能得到所有自己想得到的东西，总有顾此失彼的时候。尽管人人都懂得“有得必有失”的道理，可人们还是习惯性地害怕失去，认为得到是可喜可贺，失去则是可惜可叹。每当失去都要难受一阵，甚至为之痛苦。我们为何不及时去调整自己的心态，面对现实，承认失去呢？有时候失去并不一定是损失，而是一种放弃、一种奉献。

牛奶被打翻，不可能重新装回杯中。任你后悔，任你哀叹，任你捶胸顿足、呼天抢地，任你三天不吃饭、五天不睡觉，任你悔断肠子、心疼、肝疼、胃疼，也肯定不会改变这个已经板上钉钉的事实。聪明的做法，就应当按照“不要为打翻的牛奶哭泣”这样的话去做，这才是人生的大智慧。

在当代社会，更应具有这样的生存智慧，因为在社会激烈的竞争中，我们杯中的牛奶也可能被打翻。遇到这样不如意的事，不怨天尤人，不哭天抹泪，不消沉颓唐，不心灰意懒；汲取教训，挺直腰杆，义无反顾，勇往直前。生活中，这样的人，才能成为强者，才能事业有成，才能出人头地，才能品尝到成功的喜悦，才会有鲜花、美酒的陪伴。

不要为打翻的牛奶哭泣，有这样大度的襟怀，有这样的人生智慧，命运或许会给你新的机会。迈过几道坎，拐过几道弯，成功会在那里微笑着向你招手。

⑦ 人总是看不见握在手心里的幸福

这山望着那山高，

到了那山更糟糕。

很多时候，人总是看不到自己拥有的幸福。

隔壁的小两口又在吵架了。

男的说："没见过像你这样蛮不讲理的女人。"女的也不甘示弱："我也没见过像你这样粗鲁蛮横的男人。"男的又说："你看看人家方方妈，多温柔体贴，多会操持家务，哪像你，整天就只知道逛街花钱。"女的反唇相讥："还好意思说，你也不看看晓晓他爸，人家上两个班，还经常写字画画发表文章赚外快，哪像你就知道喝酒聊天瞎胡吹！"

在现实生活中有太多这样的情况。想想当初，那个做选择的人不是你吗？那个他（她）不是你最为理想的选择吗？若不然，你又何必与他（她）结婚呢？两个人经过一段婚姻生活后，婚前的新鲜感已全然消失，双方的缺点也暴露无遗，这时就会生出许多抱怨来："真不知道我当初是怎么看上你的……"

人们常说："没有得到的，就是最好的。"很多人都抱着这种心理，他们往往对"失去"的那位加以美化，而把自己身边的这位与"失去"的那位作对比，就会发现身边的这位一无是处，怎么看都不顺眼，而"失去"的那位却完美无缺犹如神仙一般。其实，那完全是人的心理作用，人总是沉湎于自己的幻梦之中，当梦醒的时候，才会发现眼前的才是最好的。

有一个人，年轻时与一少女相恋多年。那少女活泼、开朗、能歌善舞，是个人见人爱的"黑牡丹"。后来，"黑牡丹"远嫁他乡，这个男子也早已为人夫、为人父，只是这个男子觉得妻子这也不顺眼，那也不顺心，长相不佳、吃相不佳、坐相不佳、睡相不佳，总之，妻子没有一样称他的心、如他的意，与自己心中的"黑牡丹"简直不能同日而语。他的妻子为此常常黯然神伤。后来，她索性放开他，让他去异乡看望他的梦中情人。他如遇大赦般地去了，在三天两夜的火车上，他设计种种重逢的浪漫。

当他满怀憧憬地敲开了"黑牡丹"的家门，开门的竟然是一个腰围大于臀围的黑胖夫人。一见面，她就兴趣盎然地对他大讲泡酸菜的经验，因为当时她正在泡酸菜，屋子一片繁忙的景象。

这就是令他魂牵梦萦的、朝思暮想的"黑牡丹"！

他回到家后，竟突然发觉妻子什么都好，妻子也破涕为笑，从此，两人的日子过得和和美美。

当这个男子见到自己日思夜想的梦中情人后，他一下子惊醒了：原来自己陶醉在了自我的想象里了，从此，他对妻子的态度便有了改观，看到她什么都好。人总是追求一些不切实际的东西，到头来才发现自己所拥有的便是最好的，而自己却从来无视它的存在！

一个关于苹果的故事：

上帝拿出两个苹果，让一幸运男子挑选。这男子权衡再三，终于下定决心，选了自己认为最好的一个。上帝含笑赐予，他千恩万谢，接过后转身离去。突然，他却反悔想调换成另一个，回头却发现上帝不见了，他只得耿耿于怀地过了一生。于是，上帝叹道："人啊，总是期待那些未到手的，而不好好珍惜手中所有，怎么可能获得幸福呢？"

常言道："这山望着那山高，到了那山更糟糕。"其实，你认为最好的也未必适合你，现实生活中这类事例比比皆是。请告诉自己：自己的爱人就是世界上最完美的伴侣，当你这样做的时候，你会感到心理平衡，你才会拥有一个更加快乐、幸福的人生。

第二章
我们总是忘记，现在是人生最好的时候

做当下最美的自己，

不为将来忧虑，不为过去迷失。

不畏将来，不念过去，把握当下，

珍惜当下，如此，便能安好。

1

趁现在，你还可以努力

春天交了白卷的人，

到秋天，

他还有资格唱丰收之歌吗？

"抓住今天"是现代著名作家姚雪垠的一个座右铭。他每天写作、读书、研究十几个小时，几十年来从未间断。这种精神不正是告诉了我们要珍惜时间吗？总有一些人存在"欺骗自己"的不良状态，他们总认为只要今天过得快乐，那么今天的事情明天再做也不迟。这样一而再、再而三地拖下去，他们终究是一事无成的。试问，春天交了白卷的人，到秋天，他还有资格唱丰收之歌吗？

古今中外，有许多科学家、文学家都是同时间赛跑的能手。我国伟大的文学家鲁迅以"时间就是生命"来律己，从事无产阶级文学艺术事业30多年，视时间如生命，笔耕不辍。美国伟大的发明家爱迪生，一生有1000多项发明，这无数次试验的时间难道不是从常常连续工作两天、三天的极度紧张中挤出来的吗？法国著名小说家巴尔扎克，用如痴如狂的拼劲，每天奋笔疾书十六七个小时，即使累得手臂疼痛，也不浪费一丁点儿时间。他留下的是深受人们喜爱的《人间喜剧》等共90多部小说。难道这些智慧的结晶不正是抓住今天燃烧生命火花的光辉记录吗？

珍惜今天，抓住机遇，成功之路将为我们铺开，光明的前程将等候着我们；荒废时间，放弃机遇，人生将是穷途末路，且充满黑暗和风险。我们一定要抓住今天，以旺盛的精力和不屈不挠的奋斗精神，积极地面对生活、面对未来。古人云，"机不可失，时不再来"，说的也就是这个道理吧。时间是无情的、可怕的；人生必定是短暂的。日月匆匆，到了明天，明天又变成了今天，每个今天之后都有无穷尽的明天，那么，你的决心、你的理想，哪一天才能变为行动、变为现实呢？

抛弃了今天的人，今天也会抛弃他；而被今天抛弃的人，他也就没有了明天。医生抢救病人，不在今天及时抢救，哪有病人日后的健康体魄？清洁工人不在今天及时清扫垃圾，摒除尘埃，哪有日复一日街道马路的洁净？解放军战士不在今天全副武装，做好战备，哪有千家万户永久的安宁？

"明日复明日，明日何其多；我生待明日，万事成蹉跎。"短短的几句诗，是先辈千折百回、历经磨难的生活体验的结晶。抓住了今天，就是抓住了获取知识的机会；抓住了今天，就是抓住了发明创造的可能。聪明、勤奋、有志的人，他们深深懂得时间就是生命，甚至比生命还宝贵。他们绝不把今天的宝贵时光虚掷给明天，伟大的发明家爱迪生从来都珍惜时间，用在火车上卖报的间隙搞实验。在发明电灯的过程中，他几乎不分昼夜，埋头在实验室里：渴了，喝口凉水；饿了，啃块面包；困了，趴在桌上打个盹。爱迪生如此，牛顿、居里夫人、爱因斯坦……一切有志气、有成就的人莫不如此，他们绝不沉湎在昨天之中，更不空空观望明天，他们永远从今天开始！

相反，对有些人来说，时间就像代表它的那本日历，撕了这一张，还有下一张，撕完了这一本，还有下一本，却从不思考如何在洁白如雪的日历上留下自己辛勤奋斗的汗水和学习、工作的收获。

元末明初文学家陶宗仪所著的《南村辍耕录·卷十五》中有一则寓言，说有一种"寒号鸟"，它有一副嘹亮的歌喉，整天唱个不休，冬天到了，夜里，它被冻得瑟瑟发抖，哀叫着明天要垒窝。第二天太阳出来了，沐浴在阳光中的寒号鸟忘了夜里的寒冷，不去垒窝，又快乐地唱起了歌。日复一日，它始终未垒起窝。一天，刮起寒冷的北风，下起了大雪，寒号鸟终于被冻死了。

在人的一生中，今天是最重要的，不要把现在应该做的事拖到明天或将来。时间中唯有"现在"最为宝贵，抓住了"现在"，亦即抓住了时间，成功就会向你招手。总是等到明天的人，将会一事无成！

❷
匆匆溜走的，不是昨天，而是今天

明日永远都不会来，
因为来的时候已经是今天了。

过去的经验可以总结，教训可以汲取，但过去的永远不会再来。未来可以憧憬，可以通过努力去创造，但未来再美好毕竟是个未知数。只有现在最可靠。现在是过去与未来的连接点，旧的"现在"去了，新的"现在"

跟着就来，无数个"现在"已成了过去，无数个将来终会变为"现在"，正如李大钊所说的："过去未来皆是现在。"

"现在"其实也是稍纵即逝的，正如朱自清在《匆匆》里所描述的："洗手的时候，日子从水盆里过去；吃饭的时候，日子从饭碗里过去；默默时，便从凝然的双眼前过去……"所谓的"现在"看起来好像是静止的、可把握的，其实静止也只是相对的，没有绝对可把握的"现在"，一切所谓的"现在"也都是变化着的。细究起来，其实"现在"就是一个看不见的点。从时间的角度看，每一天都是一个流失的过程；从生命的角度看，每一天都是死与生相互交换的过程。"现在"稍不注意即成过去，变得无法再找回；而"将来"则是"现在"的延伸，所以鲁迅先生说："杀了'现在'，也便杀了'将来'。"因此，要赢得未来，就要好好把握现在。

在美国，有一个非常有名的学者伯纳德·伯伦森。在他90岁生日时，有人问他最珍惜什么，他回答道："我最珍惜时间，我愿意站在街头，手中拿着帽子，乞求过往的人把他们不用的时间扔在里面。如果你已经明白时间第一，它是我们生命中最宝贵的资源，告诉你一条有关时间的重要原则，这就是：今天最重要。珍惜时间最重要的是我们对待事件的态度，如果我们真心在意，就会着手去做，立刻就开始，绝不拖拉到明天。"

"不悲过去，非贪未来，心系当下，由此安详。"寥寥数语，便道出了人生幸福的真谛：一切随缘，活在当下。这句话真可以点石成金。相比之下，自己在寻找什么呢？又在忙碌什么呢？是否那种永无止境的满足，永无止境的追求，甚至对"命运打击不到的领域"无止境地探索，偏离了自我存在的真正意义？

既然如此，我们不妨再思考一下上面那句话所包含的道理。它提醒我们要把重点放在眼前，必须全神贯注于当下，这是人生的一种超脱的心态。活在当下也意味着无忧无悔，对未来会发生什么不去做无谓的想象与担心，所以无忧；对过去已发生的事也不做无谓的纠缠，不计较得失，所以无悔。人能无忧无悔地活在当下，不为一切由心所生的东西所束缚（当然，活在当下也并不意味对未来不思考、不计划，如果根据自己的生活事业作分析整理，并对未来做出预测及计划，这正是活在当下）。当你活在当下，就没有过去拖在你后面，也没有未来拉着你往前，你全部的能量都集中在这一时刻，生命因此具有一种巨大的张力，使你全身心投入，丰富和满足自己人生的生活方式。明白了这个道理，无论从哪个层面去看，都是一种进步。

诚然，人总有一死，这是铁的定律，无法改变。人生只有一次，失去永不再来，对于爱你的人，父母、爱人、兄弟姐妹、亲朋好友及所有相识的人，我们"当下"就应当好好地珍惜，要时刻抱着一颗感恩的心来看待世间的人和事，多一份爱心，多一点宽容，多一些理解，不要把可以去做但没有去做的事变成遗憾留在心头。

往事如烟，已随风而去；未来像云又像雾，飘忽不定。凡事要看得开，放得下，一切随缘，一切随意，安然面对，泰然处之，用心生活。人生最大的悲剧不是面对失去，而是没有好好把握当下。感谢上苍让我们存在，感谢父母给了我们生命，感谢所拥有的一切。当明天太阳升起的时候，我们的笑容依然灿烂，活在当下，珍惜每一天！

人的一生可浓缩为"三天"，即昨天、今天、明天。昨天与今天之间有扇后门，今天与明天之间有扇前门，这"三天"中，今天最重要，过去的事情就让它过去吧，明天的事等它来了再说，最要紧的是，做好今天的事情。有人说，要过好今天，第一件事是"学会关门"，把通往昨天的后门和通往明天的前门都紧紧关住。这样，人一下子变得轻松了。你的生活中，也就会平添许多快乐与满足。明日永远都不会来，因为来的时候已经是今天了。只有今天才是我们生命中最重要的一天；只有今天才是我们生命中唯一可以把握的一天；只有今天才是我们可以用来超越对手、超越自己的唯一一天。同样，生命的意义也只能从当下去寻找，过去的事均已过去而不存在，不论是多么美好且令人怀念，或是多么丑陋且令人追悔，都没有必要沉湎于过去的情绪中，人生的事，没有十全十美的。愿我们都能真实地活在现实、活在当下，珍惜我们活着的每一天。

③

对生活说"是的"，由抗拒变为改变

对生活说"是的"，

看看生活是如何为你服务而不是与你为敌的。

人类的很大一部分痛苦是没有必要的。只要让未被觉察的思维控制着你的生活，痛苦就会自然而然地产生。通常，当下所产生的痛苦都是对现状的抗拒，也就是无意识地去抗拒本然的某种形式。从思维的层面来说，这种抗拒以批判的形式存在。从情绪的层面来说，它又以负面情绪的形式显现。痛苦的程度取决于你对当下的抗拒程度以及对思维的认同程度。思维通常否认当下，并试图逃离当下。换句话说，你对思维认同的程度越高，你就会越发感到痛苦。或者可以这样说：你对当下的情况接受得越多，你受的苦就越少。

为什么思维会习惯性地否认或抗拒当下呢？因为在没有时间（过去和

未来）的情况下，它无法发挥自己的作用并对你进行控制，所以它视永恒的当下时刻为威胁，实际上，思维和时间是密不可分的。

在这个世界上我们需要时间和大脑来生活，但是，当它们控制我们的生活时，痛苦和悲哀就产生了。为了维持控制，大脑不断地利用过去和未来来遮掩当下的时刻，所以与当下密不可分的生命力和无限的创造潜力就被时间掩盖了，而你的真实本性也被大脑混淆了。人类不断地积累痛苦，身上的负担越来越沉重。很多的人都在这种负担下受苦，但是他们又忽视或否认当下这一宝贵的时刻，或认为当下是实现未来目标的一种手段，而未来其实只存于他们的大脑中，是不现实的，人们就这样在不断地增加这种负担。

如果你不再希望为自己和他人创造痛苦，如果你不再希望增加你心中过去的痛苦，那么请你务必认识到，当下时刻是你所拥有的一切，把你的生活重心完全放到当下这一刻，把你先前在时间内流连并短暂地访问当下时刻的做法改为关注当下时刻，只在有需要时简单地回顾过去和展望未来。永远对当下说"是的"。有什么比对已然存在的东西进行内在的抗拒更徒劳、更疯狂的事吗？有什么比反对生命本身更疯狂的事吗？向"是"臣服。对生活说"是的"，看看生活是如何为你服务而不是与你为敌的。

有时当下时刻是令人无法接受的、令人痛苦的或者让人觉得可怕的。观察大脑是为何为当下时刻贴上标签以及这个贴标签的过程，也就是不断地抗拒是如何创造了痛苦和不幸。通过这种观察思维的活动，你就能够摆脱抗拒的模式，然后还可以允许当下时刻的存在。这将会使你体验到不为外境所困的内心自由，一种真正的内心的宁静状态，然后，再观察发生了什么事情，并采取必要的或可能的行动。

接纳，然后采取行动。不管当下时刻的情况怎样，心甘情愿地接纳它，就像它是你选择的一样。总是与它共事，而不是抗拒它，使它成为你的朋友和盟友，而不是敌人，这将会改变你的整个人生。

4

别等到失去后再问 "时间去哪儿了"

岁月会让黑发成霜，白头而老，

唯有当下的时光最珍贵，

珍惜眼前人，方能感受岁月的回馈。

《弟子规》中有一句话这么说道："朝起早，夜眠迟，老易至，惜此时。"主要是讲学生要懂得珍惜时间，否则失去了就再也找不回来。时间的脚步是无声的。冬去春来，天回地转，稍不留意，岁月就会从你身边悄悄溜走。它不会给延迟时间的人任何宽恕，也不因任何人的苦苦哀求而偶尔回顾。它能使红花萎谢、绿叶凋零；会让红颜变成白发，让童稚变成老朽。时间是无情的，又是有情的。对于珍惜时间的人，它会馈赠以无穷的智慧和财富。

巴尔扎克是位多才的作家。他的时间是一秒也不空过的。一次，巴尔扎克太累了，对一个朋友说："我睡一会儿，你一小时后叫醒我。"一小时过去了，朋友实在不忍心叫醒他。巴尔扎克醒来，发觉超过了一小时，几乎是暴跳如雷地对朋友说："你为什么不叫醒我，耽误了多少时间啊！"他平时每天写作十六七个小时，把自己关在房间里，一日三餐由仆人从特定的窗口放进去。

时间是无情的，最珍贵的是今天，最容易失掉的也是今天。让我们大家都来做时间的主人吧，我们一生都将是富有的。

从前有个年轻英俊的国王，他既有权势，又很富有，但却为两个问题所困扰。他经常不断地问自己，他一生中最重要的时光是什么时候？他一生中最重要的人是谁？他对全世界的哲学家宣布，凡是能圆满地回答出这两个问题的人，将分享他的财富。哲学家们从世界各个角落赶来了，但他们的答案却没有一个能让国王满意。

这时有人告诉国王说，在很远的山里住着一位非常有智慧的老人，也许老人能帮他找到答案。国王到达那个智慧老人居住的山脚下时，他装扮成了一个农民。

他来到智慧老人住的简陋的小屋前，发现老人盘腿坐在地上，正在挖着什么。"听说你是个很有智慧的人，能回答所有问题，"国王说，"你能告诉我谁是我生命中最重要的人，何时是最重要的时刻吗？"

"帮我挖点土豆。"老人说，"把它们拿到河边洗干净。我烧些水，你可以和我一起喝一点汤。"

国王以为这是对他的考验，就照老人说的做了。他和老人一起待了几天，希望他的问题能得到解答，但老人却没有回答。

最后，国王为自己和这个人一起浪费了好几天时间感到非常气愤。他拿出自己的国王玉玺，表明了自己的身份，宣布老人是个骗子。

老人说："我们第一天相遇时，我就回答了你的问题，但你没明白我的意思。"

"你的意思是什么呢？"国王问。

"你来的时候我向你表示欢迎，让你住在我家里。"老人接着说，"要知道过去的已经过去，将来的还未来临——你生命中最重要的时刻就是现在，你生命中最重要的人就是现在和你待在一起的人，因为正是他和你分享并体验着生活啊。"

人生中最重要的时光是什么时候？人生中最重要的时光当然就是"现在"拥有的时光，因为过去的已经不能再回头，未来的还没有发生，珍惜现在、"活在当下"才是人生最幸福和快乐的，才是人生中最重要的时光。人生中最重要的人是谁？人生中最重要的人就是现在跟你相处、正在跟你一起实实在在生活的人，人生最重要的人就是永远都会和你在一起、陪伴你度过一生的人！

在美国的一所大学里，快下课时，教授对自己的学生们说："我和大家做个游戏，谁愿意配合我一下？"一名女生走上台来。

教授说："请在黑板上写下你难以割舍的20个人的名字。"女生照做了，她写了一连串自己邻居、朋友和亲人的名字。

教授说："请你划掉一个这里面你认为最不重要的人。"女生划掉了一个她邻居的名字。

教授又说："请你再划掉一个。"女生又划掉了一个她的同事。

教授再说："请你再划掉一个。"女生又划掉一个……最后，黑板上只剩下了四个人，她的父母、丈夫和孩子。

教室里非常安静，同学们静静地看着教授，感觉这似乎已不再是一个游戏了。

教授平静地说："请再划掉一个。"女生迟疑着，艰难地做着选择……她举起粉笔，划掉了自己父母的名字。"请再划掉一个。"教授的声音再度传来。这名女生惊呆了，她颤巍巍地举起粉笔，缓慢地划掉了儿子的名字。

紧接着，她"哇"的一声哭了，样子非常痛苦。

教授待她稍微平静后问道："和你最亲的人应该是你的父母和你的孩子，因为父母是养育你的人，孩子是你亲生的，而丈夫是可以重新去找的，但为什么他反倒是你最难割舍的人呢？"

同学们静静地看着那位女同学，等待着她的回答。女生缓慢而又坚定地说："随着时间的推移，父母会先我而去，孩子长大成人后独立了，肯定也会离我而去。能真正陪伴我度过一生的只有我的丈夫！"

我们身边的人，就是我们生命中最重要的人，与我们最重要的人生活在一起的时间就是我们生命中最重要的时光。所谓"活在当下"，是否就是要珍惜眼前人、珍惜眼前时光？是否就是每时每刻都要与你身边的人好好地、实实在在地度过？倘若回答是肯定的话，那么，这"两个最重要"就可以合并为"一个最重要"——人生最重要的就是"活在当下"！

有很多今天丢失在抱怨与幻想中

昨天是张作废的支票，

明天是尚未兑现的期票，

只有今天是现金，有流通的价值。

生活中，你一定有过许多这样的日子：常常为昨天的失落，念念不忘，喋喋不休，耿耿于怀；又常常为明天的成功而意气风发，热血沸腾，斗志昂扬。然而，或许你觉察不到，就在这埋怨与幻想当中，就在这追悔与兴奋当中，我们失去了最宝贵也最容易失去的今天。

一位哲学家途经荒漠，看到很久以前的一座城池的废墟。岁月已经让这个城池显得满目沧桑了，但仔细地看却依稀能辨析出昔日辉煌时的风采。哲学家想在此休息，他随意地在一个石雕上坐下来。

他点燃一支烟，望着被历史湮没下来的城垣，想象着曾经发生过的故事，不由得感叹了一声。

忽然，有人说："先生，你感叹什么呀？"

他四下里望了望，却没有人，他疑惑起来。那声音又响起来，他端详那个石雕，原来那是一尊"双面神"神像。

他没有见过双面神，所以就奇怪地问："你为什么会有两副面孔呢？"双面神回答说："有了两副面孔，我才能一面察看过去，牢牢地记取曾经的教训。另一面又可以展望未来，去憧憬无限美好的蓝图啊。"

哲学家说："过去的只能是现在的逝去，再也无法留住，而未来又是现在的延续，是你现在无法得到的。你却不把现在放在眼里，即使你能对过去了如指掌，对未来洞察先知，又有什么具体的实际意义呢？"

双面神听了哲学家的话，不由得痛哭起来，他说："先生啊，听了你的话，我才明白我今天落得如此下场的根源。"

哲学家问："为什么？"

双面神说："很久以前，我驻守这座城时，自诩能够一面察看过去，一面又能展望未来，却唯独没有好好地把握住现在。结果，这座城池便被敌人攻陷了，美丽的辉煌成为了过眼云烟，我也被人们遗弃在废墟中了。"

昨天是失去的今天，明天是未来的今天，只有今天，才是我们真实地拥有着的。中外无数成功人士的实例证明，只有把握好今天，才能走出昨天，开创明天。

在美国华尔街的股票交易所，依文斯工业公司是一家保持了长久生命力的公司。但公司的创始人爱德华·依文斯却曾经因为绝望而差点自杀。爱德华·依文斯生长在一个贫苦的家庭里，起先靠卖报来赚钱，然后在一家杂货店当店员。8年之后，他才鼓起勇气开始自己的事业。然而，厄运降临了，他替一个朋友担保了一张面额很大的支票，而那个朋友破产了。祸不单行，不久，那家存着他全部财产的大银行垮了，他不但损失了所有的钱，还负债16万美元。他经受不住这样的打击，开始生起奇怪的病来：有一天，他走在路上的时候，昏倒在路边，以后就再也不能走路了，最后医生告诉他，他只有两个礼拜好活了。想着只有几天好活了，他突然感觉到了生命是那么宝贵，于是，他放松了下来，好好把握着自己的每一天。

奇迹出现了。两个礼拜后依文斯并没有死，6个礼拜以后，他又能回去工作了。经过这场生死的考验，他明白了患得患失是无济于事的，对一个人来说最重要的就是要把握住现在。他以前一天曾赚过两万块钱，可是现在能找到一个礼拜30块钱的工作就已经很高兴了。正是有了这种心态，爱德华·依文斯的发展非常快。不到几年，他已是依文斯工业公司的董事长了。正是因为懂得了只生活在今天的道理，爱德华·依文斯取得了人生的胜利。

昨天已经过去，明天还未来临，唯有今天属于我们。把握好今天，我们才拥有一个真实的自己。充分利用好每一个今天，我们才能摆脱昨天的痛苦，踏平一路的坎坷，耕耘今天的希望，收获明天的喜悦。

⑥ 很多事，唯有活在当下

让自己活在当下，

珍惜当下，

快乐便会不请自来。

人生最大的困厄莫过于等待死亡。因为一般人活在世上，都是活在对未来的期望之中，可是倘若知道死亡近在咫尺，希望的火焰熄灭了，往往也就心若止水，一切也都不再有意义。可是明智的人也懂得，耳听时间的嘀嗒声，仿佛生命像鲜血一滴滴地从身体中流淌消失，专心忍受时光残忍的折磨，又有多大的意义呢？莫如把一切都放下，放下对生命的牵挂，放下对未来的执着，把握唯一能把握的当下，做手边能做的事，使当下的每一分、每一秒都活得充实，生命便有了最现实的意义。活在当下，便活出了未来。

有个小和尚，每天早上负责清扫寺院里的落叶。

清晨起床扫落叶实在是一件苦差事，尤其在秋冬之际，每一次起风时，树叶总随风飞舞。每天早上都需要花费许多时间才能清扫完树叶，这让小和尚头痛不已。他一直想要找个好办法让自己轻松些。

后来有个和尚跟他说："你在明天打扫之前先用力摇树，把落叶统统摇下来，后天就可以不用扫落叶了。"小和尚觉得这是个好办法，于是隔天他起了个大早，使劲地猛摇树，这样他就可以把今天和明天的落叶一次扫干净了。一整天小和尚都非常开心。

第二天，小和尚到院子里一看，他不禁傻眼了。院子里如往日一样满地落叶。老和尚走了过来，对小和尚说："傻孩子，无论你今天怎么用力，明天的落叶还是会飘下来。"小和尚终于明白了，世上有很多事是无法提前的，唯有认真地活在当下，才是最真实的人生态度。

库里希坡斯曾说："过去与未来并不是'存在'的东西，而是'存在过'和'可能存在'的东西。唯一'存在'的是现在。"

"当下"给你一个深深地潜入生命水中或是高高地飞进生命天空的机会。但是在两边都有危险——"过去"和"未来"是人类语言里最危险的两个词。生活在过去和未来之间的当下几乎就好像走在一条绳索上，在它的两边都有危险。但是一旦你尝到了"当下"这个片刻的甜蜜，你就不会去顾虑那些危险；一旦你跟生命保持在同一步调，其他的就无关紧要了。对你而言，生命就是一切。

当生命走向尽头的时候，你问自己几个问题：你对这一生觉得了无遗憾吗？你认为想做的事你都做了吗？你有没有好好笑过、真正快乐过？

想想看，你这一生是怎么度过的：年轻的时候，你拼了命想挤进一流的大学；随后，你巴不得赶快毕业找一份好工作；接着，你迫不及待地结婚、生小孩，然后，你又整天盼望小孩快点长大，好减轻你的负担；后来，小孩长大了，你又恨不得赶快退休；最后，你真的退休了，不过，你也老得几乎连路都走不动了……当你正想停下来好好喘口气的时候，生命也快要结束了。其实，这不就是大多数人一生的写照吗？他们劳碌了一生，时时刻刻为生活担忧，为未来做准备，一心一意计划着以后发生的事，却忘了把眼光放在"现在"，等到时间一分一秒地溜过，才恍然大悟"时不我待"。

智者常劝世人要"活在当下"。到底什么叫作"当下"？简单地说，"当下"指的就是你现在正在做的事、待的地方、周围一起工作和生活的人；"活在当下"就是要你把关注的焦点集中在这些人、事、物上面，全心全意认真去接纳、品尝、投入和体验这一切。

你可能会说："这有什么难的？我不是一直都活着并与他们为伍吗？"话是不错，问题是，你是不是一直活得很匆忙，不论是吃饭、走路、睡觉、娱乐，你总是没什么耐性，急着想赶赴下一个目标？因为，你觉得还有更伟大的志向正等着你去完成，你不能把多余的时间浪费在"现在"这些事情上面。

不只是你，大多数的人都无法专注于"现在"，他们总是若有所想，心不在焉，想着明天、明年甚至下半辈子的事。有人说"我明年要赚得更多"，有人说"我以后要换更大的房子"，有人说"我打算找更好的工作"。后来，钱真的赚得更多，房子也换得更大，职位也连升好几级，可是，他们并没有变得更快乐，而且还是觉得不满足："唉！我应该再多赚一点，职位更高一点，想办法过得更舒适！"这就是没有"活在当下"，就算得到再多，也不会觉得快乐，不仅现在觉得不够，以后永远也不会满足。他们忘了真正的满足不是在"以后"，而是在"此时此刻"，那些想追求的美好事物，不必费心等到以后，现在便已拥有。

假若你时时刻刻都将力气耗费在未知的未来，却对眼前的一切视若无睹，你永远也不会得到快乐。一位作家这样说过："当你存心去找快乐的时候，往往找不到。唯有让自己活在'现在'，全神贯注于周围的事物，快乐便会不请自来。"或许人生的意义，不过是嗅嗅身旁每一朵绚丽的花，享受一路走来的点点滴滴而已。毕竟，昨日已成历史，明日尚不可知，只有"现在"才是上天赐予我们最好的礼物。

许多人喜欢预支明天的烦恼，想要早一步解决掉明天的烦恼。明天如果有烦恼，你今天是无法解决的。每一天都有每一天的人生功课要做，努力做好今天的功课再说吧！用平常的心对待每一天，用感恩的心对待当下的生活，我们才能理解生活和快乐的真正含义！

7

活好每一天，就是活好一辈子

只有准备好随时失去一切的人，

才能真正拥有一切。

如果我们只活在当下，就不会有悲哀和恐惧的空间。重要的是活在当下，其余的都是我们加诸自己的负担。如果我们忘了好好活着，忘了当下的这一刻，反而去怀想过去的事物，盘算将来会发生什么，却让当下这一刻悄然流逝。这样我们不算真正地活着，只是在受苦，因为我们对明天抱有恐惧，对过去感到自责。

生活可以过得很简单，甚至很美好。我们何必畏惧当下没有发生的事？因为谁也不知道将来会发生什么。有些人本来前程似锦，后来却不尽如人意，恐惧未来的人也是如此。不过如果你不受恐惧的牵绊，可能后来会发现自己所恐惧的事根本是子虚乌有。只要我们一分一秒、一天一天认真活着，恐惧感就将离我们而去。

这样一来，生活就纯粹是当下的每一刻，对每个人都一样，不论是一国之君或是清道夫，不论愚者或是智者都是如此。如果我们无牵无挂，活出生命中既有的每一刻，不作茧自缚，不被自己的野心、财富或权柄所牵绊，这样我们就算真正活过了。

我们是活在当下，因为只有当下这一刻才真实存在，而焦虑、恐惧、希望，都是从意念而来，那也正是痛苦的来源。时时刻刻都保持平静安详，意识到每一刻的独特，让这一刻真正属于我们。也就是说，在这一刻，我们感觉到跟造化、跟所有众生、跟大自然、跟全宇宙有所联系，跟永恒相通。这种心境，让我们感受到永恒的快乐。

我们活在永恒之中，也活在当下这一刻，我们既是单独的个体，也和万物相联系。我们的执着，受到野心、欲望与焦虑感的助长，想跟别人竞争名位、斤斤计较，这种执着，现在看起来显得很可怜，甚至很可笑。

如果不把当下这一刻用来追逐短暂的声色犬马，反而可以获得一切、拥有更多。如果一个人不那么执着于自我、钱财、成功或名望，并且有心理准备随时可能失去一切，这样的人很快就会找到真正的满足。

只有准备好随时失去一切的人，才能真正拥有一切。他们没有忧虑、对未来不恐惧，所以能活在当下，全心投入对他们来说最好的事物。当你接受了好的事物，才能把好的事物带给别人。聆听内心的指引，让你的脚步随时依循宇宙法则。

专心想一想当下活着的这一刻，在这一刻没有悲伤，回忆过去才有悲伤，而设想未来则有可能引发恐惧。

讲台上，有一位老人拿起一杯水，然后问听众说："各位认为这杯水有多重？"听众有的说20克，有的说500克不等。

老人则说："这杯水的重量并不重要，重要的是你能拿多久。拿一分钟，各位一定觉得没问题；拿一个小时，可能觉得手酸；拿一天，可能得叫救护车了。其实这杯水的重量是一样的，但是你若拿得越久，就觉得越沉重。这就像我们承受着压力一样，如果我们一直把压力放在身上，不管时间长短，到最后我们就觉得压力越来越沉重而无法承受。"

放下，不在过去，不在未来，而是在当下，现在就放下吧！

懂得活在当下，不管你身在何处，做任何事，你都将是快快乐乐的。

活在当下，就能少受任何伤害，并且活得更积极、开心、快乐！你能为明天所做的最好准备，就是把今天做好；如果今天你是那么地快乐，那你明天将会更快乐，因为明天是从今天开始的。

做人，必须活在当下。昨天的事情拿不回来，明天不一定会来。要看就看现在，现在的工作、现在的责任。

8

将现实的每一步，走得更坚定

生活中的快乐就像海边的贝壳，

拾不尽，捡不空。

生命对每一个人来说只有一次，这仅有一次的生命不是彩排；它不可重复也无法逆转，所以我们都要珍惜感谢生命，但谁会知道自己在哪天经历那种生离死别的痛苦呢？也许那就是人生的另一面，我们在生活中要面临很多的选择，就像鲜花选择了娇艳，于是它的种子要穿越沉重黑暗的泥土；鸟儿选择了飞翔，于是它要承受无数次练飞的摔打；蓝天选择了晴朗，于是它要承受风雨雷电的洗礼；人要想长大，也要经历各种的痛苦磨难！

如果你现在有一个家却不想回，那你就应该想想那些流浪儿；如果你不曾认真体会自己拥有的幸福，抱怨父母不理解自己，却不知道庆幸父母还健在的幸福；如果你总觉得自己的爱人没有别人优秀，那就去想想有这么一个人把一生的幸福交给自己是一种怎样的信任。在那些贪婪的人眼中，别人所拥有的才是所谓的幸福，却看不到自己已经拥有的一切！其实幸福很简单，并且短暂，短暂到我们都不相信它那么容易溜掉。把握就是拥有，好好珍惜自己身边所拥有的一切，也要明白"幸福不是去追求还想要的，而是珍惜现在所拥有的"。

每个人的生命也许依然按着不同的轨迹去运行，有大风大浪的日子要去面对、去抗争、去拼搏、去奋斗。风平浪静的时候也要去等待、去思索、去憧憬、去追求。

其实，生命很脆弱，只是时间让它变得坚强。在每一次受到伤害的时候，我们都是用时间去疗伤，因为时间可以让我们渐渐地淡忘痛苦。或许，我们执着的并不是事情本身，痛苦的也不是事情本身，而是我们对一些事情过后的看法。

放弃生命并不是一种勇气，因为死亡是一个很简单的了断，只有活着才能经受生活的每一次考验。因一时的挫折而轻视自己的生命或是每日浑浑噩噩混日子的人，你们何不去看看那些徘徊在死亡边缘的病人，想想那些挣扎于贫困线上的人？他们都不曾放弃努力，他们都知道生命的可贵，他们都乐观又坚强，他们都在珍惜当下的一分一秒。

孔子说："逝者如斯夫，不舍昼夜。"过去的日子，就像清澈的水，虽然清晰得历历在目，可是，若想抓住，却是不可能的。过去的已经过去，未来遥遥无期，不可猜测，为何要傻傻地去憧憬呢？未来的梦只有靠今天的努力来实现，只有把握住今天，才能抓住未来，所以我们要活在当下。

有时候生命真的很短暂，但有时却不得不停下来，驻足是为了看得更远，休息是为了走得更远。在驻足、停下的宝贵一刻，或者因为对过去有太多的遗憾想要去弥补，或者是对未来有太多的憧憬要去实现，以至于对今天的自己也患得患失起来。若是在那一刻能够没有过去苦难的拖累，也没有对未来成功的幻想，那便是一种宠辱不惊的沉稳，便是一种笑对人生的豪迈。俯视世间，没有患得患失的放不下；回首往事，没有沧海桑田的舍不得。也许这时候，生活中的快乐就像海边的贝壳，拾不尽，捡不完；成功的得来就犹如佛手拈花，那样潇洒从容，那样平淡幸福。看到周围的人在预支明天的喜怒哀乐时，你早已明白，昨日已成历史，明天尚不可知，而当下，才是上天赐给我们最好的礼物。

很多时候，我们都被告知要去珍惜。我们常常看到有人回首皱眉说自己应该珍惜这个爱护那个，也总会看见有人又在极目远眺，说自己以后一定要珍惜什么，可随着时间的推移一切信誓旦旦都成了纸上谈兵。然而我们却不知，命运早已告诉我们：珍惜现在，活在当下，才是最佳选择。

活在当下，不是不要理想的未来，而是让现实的每一步能够走得更加坚定；活在当下，不是不要过去的教训，而是让挫折的经验更实际；活在当下，是为了享受现实的一切，为了感恩珍惜生活；活在当下，是为了改善现存的缺憾，飞得更高，行得更远。人无法预测前景，唯有活在当下，不懈努力，奋斗拼搏，生活才会更加丰富多彩，绚丽多姿；才能谱写出铿锵有力、悦耳动听的人生乐章。

第三章
未来的你，一定会感激当下的努力

未来，取决于当下的努力。

但仅有努力是不够的，还需要有明确的规划。

让这张蓝图告诉我们，

该如何一步步走向人生的最终目标。

① 找到适合自己的舞台

目光决定不了位置，

但位置却永远因为目光而存在。

鸟儿飞翔在天空，天空是它的位置；骏马奔驰在原野，原野是它的位置；猛兽出没于山林，山林是它们的位置；鱼儿潜游在清溪，清溪是它们的位置。你有你的位置，我有我的位置，大家各有自己的位置。

如果一直向上看的话，就会觉得位置一直在下面；如果一直向下看的话，就会觉得位置一直在上面。如果一直觉得位置在后面，肯定就是一直在向前看；如果一直觉得位置在前面，肯定就是一直向后看。目光决定不了位置，但位置却永远因为目光而存在。关键的是，即使我们处于一个确定的位置上，目光却仍然可以投往任何一个方向。

拥有位置要有相符的能力。珠穆朗玛峰在攀登者心中的形象并非是因为它的位置，而是因为它的高度；一块石头在金子的位置上仍然还是石头，而且会让人更瞧不起那块石头。金子放在哪里，哪里就是金子的位置；如果是石头，那么最多也只能放在石头的位置上。伟大的人，总是位置选择他；平庸的人，才东张西望地选择位置。

安于其位，尽其职责。在演员的位置上，就要学会表演；在观众的位置上时，就要学会欣赏。社会是个大舞台，而我们却总是分不清自己到底是在表演，还是在欣赏。或许，这正好能校验一个人随时调整与适应的能力。

每个人在奋力向上爬的同时，并不会想到高处不胜寒。但是，身在高处，行动处处受到限制，虽然有居高临下的优越感，却失去了简单的快乐和珍贵的自由。身在低处，看不到秀丽的风光，但却有潇洒和自由伴随，也不失为一种难得的乐趣。

生活中，最难得的就是摆正自己的位置，调整好自己的心态，走好自己的路。鲁迅弃医从文，将手中的笔作为匕首，是因为发现了自己的位置；史铁生不屈服于命运的安排，一篇《我与地坛》使千万人声泪俱下，是因为发现了自己的文学才华，找到了位置；华彦钧流落街头，双目失明，以卖艺为生，但他为自己赢得了位置，于是，便赢得了生命。

生活中，不是每个人都能成为伟人，也不是每个人都注定碌碌无为。只要我们安心于自己的位置，那么周围的一切就会以我们为中心，或是离我们而去，或是冲我们而来，或是绕着我们旋转，或是对着我们静默；如果我们惶惶不可终日，始终感到没有一个合适的位置，那么周围的一切就会变成主人，我们得跑前跑后地去迎合着。

处在什么位置上，就得在什么位置上寻找意义；位置的意义要靠有意义的人去挖掘、去深化。位置本身没有绝对的好与坏，是好还是坏，都只是我们的心境和感觉。人生的位置就像在影剧院观看演出，不同的位置向着同一个方向排列着，一批人来了，一批人走了，又有一批人来了，台上，一直在演出不同的故事。

改变环境，找准位置，才有了运筹帷幄之中、决胜千里之外的张良，才有了领百万之兵战必胜、攻必取的韩信，才有了千千万万颗璀璨夺目的明星。莫把自己放错位，改变环境，找准绽放美丽的舞台。

2

确定一个目标，一步一步去实现

把你的目标想象成一座金字塔，

塔顶就是你的人生目标。

目标就是构筑成功的基石，没有线路图什么地方也去不了。

通常来说，目标使我们产生积极性，你给自己订立了目标，有两个方面的作用：一是你努力的依据，二是对你的鞭策。目标给你一个看得见的射击靶，随着你的努力去实现这些目标，你就会有成就感。有98%的人对心目中的世界没有一幅清晰的图画。

所以请你把未来将要做的事写下来，放在时常能见到的地方提醒自己，把整体目标分解成一个个易记的目标，把你的目标想象成一座金字塔，塔顶就是你的人生目标，你定的目标和为达到目标而做的每一件事都必须指向你的人生目标。

金字塔由五层组成，最上面的一层是最小、最核心的。这一层包含着你的人生总目标，下面每层是为实现上一层较大目标而要达到的较小目标。如果计划不具体，无法衡量是否实现了，那会降低了你的积极性。

有人说成功人士的特征首先是他们都有梦想，并且坚信梦想定能最终实现，随后，他们不懈努力，绝不轻言放弃。生活中一切成功的源泉就在于一个人的梦想和实现梦想的决心。

珍惜你的梦想，勿让别人偷去你的梦想。

从实践看，往往是奋斗目标越鲜明、越具体，越有益于成功。正如作家高尔基所说："一个人追求的目标越高，他的才能就发展得越快，对社会就越有益。"

公元前300多年，雅典有个叫台摩斯顿的人，年轻时立志做一个演说家。于是他四处拜师，学习演说术。为了练好演说，他建造了一间地下室，每天在那里练嗓音；为了迫使自己不能外出郊游，一心训练，他把头发剪一半留一半；为了克服口吃、发音困难的缺陷，他口中衔着石子朗诵长诗；为了矫正身体某些不适当的动作，他坐在利剑下；为了修正自己的面部表情，他对着镜子演讲。经过苦练，他终于成为当时"最伟大的演说家"。

明末清初著名的史学家谈迁，29岁开始编写《国榷》。由于家境贫困，买不起参考书，他就忍辱到处求人，有时为了搜集一点资料，要带着铺盖和食物跑100多里路。经过27年艰苦努力，《国榷》初稿写成了，先后修改6次，长达500多万字。不幸的是，初稿尚未出版却被盗了。这一沉重打击，令他肝胆欲裂，痛苦不已，然而却没有动摇他著书的雄心壮志。他擦干了眼泪，又从头写起。他不顾年老多病，东奔西走，历时八九载，终于在65岁时，写成了这部卷帙浩繁的巨著。

目标会使我们兴奋，目标会使我们发奋，因为走向目标便是走向成功，达到目标便是获得成功！成功是人的高级需要，世界上还有什么能比成功对人有巨大而持久的吸引力呢？

美国的希尔博士在他所著的《人人都能成功》一书中写了这样一个故

事：63岁的老太婆菲莉皮亚夫人，决定从纽约市步行到佛罗里达州的迈阿密市去，这段路程大约相当于从北京至香港的距离。当她到达迈阿密时，记者问她是如何鼓起勇气徒步旅行的。她回答说："走一步路是不需要勇气的。我就是迈出一步，再迈一步，不停地迈，就到这里了。"在这段故事中，从纽约徒步到迈阿密是菲莉皮亚夫人的目标，一步接一步地走是她的计划，然后迈出第一步，再迈第二步、第三步……这就是她的行动。如果她不去"迈步"，她就永远也不能到达迈阿密。

目标是我们对于所期望成就的事业的真正决心。许多人都明白自己应该做什么事，可就是拿不出行动来，他们不懂得每天进步一点点是制定未来目标的原则。这种成功学的战略，无论是精神生活的追求、物质生活的追求或是对事业的追求都适用。我们可以追求短期效应，但是目光却应放得长远些，不要计较一城一池的得失，不要让急功近利蒙住了我们智慧的双眼。

当你不知道自己希望追寻的是什么，那一定是有什么东西在起阻碍作用，某种隐形的阻力使你犹疑，不能去发现和追寻自己真正的愿望。你应当找出那掣肘的阻力，这样你才能去设法消除它。只要你确定一个你确实想达到的目标并着手向这个目标接近，这时你的阻力就会从隐蔽处跳出来，并开始劝说你不要轻举妄动。

你需要做的就是找出一个临时性的目标，它要非常诱人。这样才会诱使你相信自己确实想要实现它，然后你就能马上行动起来去追寻这个目标。

在追求自己目标的时候，如果你有一种被卡住的感觉，那么就请把卡住你的所有障碍都揭示出来，再把它们都搞清楚。

请先做这样一件事情：在一张纸上记下那些你认为的世人眼中的"有意义的工作"，要尽可能地多写。如果你愿意，也可以记下一些你认为其生活似乎特别有意义的人的名字，要解释一下你为什么这样想。是什么使得工作确实值得做？现在读一下你写的东西，你想到的是否与下边提到的类似？

"有意义的工作必须是对这个世界有益的工作。它必须以某种方式帮助人类。"

"要想有意义，你所干的必须要引起轰动，你必须成功，这与你干什么工作无关。"

"我认为那些从事有意义工作的人是完全身不由己的。他们废寝忘食，因为他们像哥伦布、牛顿一样沉浸于最伟大的发现之中，或者像贝多芬一样，具有最丰富的想象力。"

"我认为，在世人眼里，在生活中你尽了自己最大的努力，比如，成了家、有房子、有一个好的工作、成为社会的栋梁之材，你就是有价值的。"

明白自己一生要做的事，第一步就是要懂得做你喜欢做的事与做值得去做的事，也就是做有意义的事之间的联系。

单纯的娱乐不会使你感到幸福。劝你不要把能去度长假作为自己的生活目标。如果你所从事的是与自己的本性需要毫不相干的事情，即使你已置身于天堂，过着优裕和显贵的生活，也会感觉空虚；如果你不是投身于真正喜爱的事情中，无论你身居何处，都无异于置身监牢之中。你要想到，当你做自己喜爱的工作时，才能对世人做出最大的奉献！毕加索画画不是要帮助什么人，就此而言，爱因斯坦建立相对论时也不是。他们着眼的只是自己的工作，那时工作占据了他们的全部心思，在工作上他们付出的努力是高度个人化的，是自我专注的。在他们工作时，他们的头脑中并没有记挂什么人的福利。他们做事遵从的是他们内心冲动的激励，而不只是出于要乐善好施的愿望。通常认为，人们所做的事要么是有意义的，要么是使自己快乐的，两者不可兼得，必须在这两者中做出选择，现在该是打破这个神话的时候了。

事实上，你选择了两者中的一个，你就必定要做另一个。

有热爱才会有"伟大的"工作，说到底，只有这样做工作你才真正是在乐善好施。想到这个世界需要你去做自己最擅长和最喜爱的事情，你的心中或许会暖意融融。

知道做自己喜爱的工作，你的感受会是怎样的吗？对于这个问题，我们得到了这样的一些回答：

"它让你心无旁骛，殚精竭虑而不知疲惫。"

"我喜爱我的工作，因为它总在延伸和更新。"

"在我废寝忘食时，我知道我迷恋上了我所做的。"

你可以得到这样的工作。为此，你自己要摆脱任何束缚，任想象力自由驰骋，随心所欲地想象。阻碍你的到底是什么？

写出你的清单，把它放在皮夹里，经常拿出来看。

想要出类拔萃，就从今天开始累积

贫穷是不需要计划的，

致富才需要一个周密的计划。

大部分的人都高估了自己一年内所能完成的事，而低估了 10 年之中所能完成的事。人生中重要的是开始，但要取得成就就需要一长段的时间。

哈佛大学的爱德华·班菲德博士经过多年研究，发现成功者与失败者的区别在很大程度上是基于个人对于时间的态度而定，班菲德把这个结论称作"时间观念"。他发现那些成功的人都是有长期时间观念的人，他们在做每天、每周、每月的活动规划时，都会用长远的眼光考量。他们会规划5年、10年，甚至20年的未来计划。他们做决策和分配资源时，都是以未来长远的目标为准则。

在另外一方面，班菲德博士发现那些失败的人都只有短期时间的观念，他们几乎不做长远计划，他们更看重短期的欢乐而非长期的经济保障，更关心眼前的利益而不是未来的成功与成就。因为这样的态度，他们选择短期计划，而导致长期的困苦生涯。

要想致富，我们就先要好好问问自己：到底什么才是你人生中真正想要的？你希望人生有价值而快乐吗？你希望事业成功吗？你希望拥有很多的财富、漂亮的汽车和豪华的别墅吗？你希望能到世界各地旅行，亲眼看看各种名胜古迹吗？你希望有个幸福的家庭，希望得到孩子的尊敬吗？不管你心里有什么样的希望，在做这样的梦时，就必须有对事业生涯的长远规划，并准备为此付出长期的努力。要知道成为伟大的人的机会并不像火山爆发般地在瞬间喷薄而出，而是一个缓慢的一点一滴的积累过程。但越是年轻人，往往却越想快速达成目标，快速致富，尽早享受生活。其实，人一定要先努力工作，持续不断地努力工作好几年，才能达成真正有价值的目标，才能享受渴望的生活方式。

要想出类拔萃，在心理上你就要做好全身心地投入10年时间的准备，因为不论从事什么职业，要培养出足够的专业能力，在竞争激烈的社会中取得成功，你就必须要花很长的时间。当你对自己做出了这种长期的承诺后，你会发现你对待学习、工作及为人立世的态度会完全改变，你会从战略的高度考虑问题，从而变得更为优秀。

人生中最重要的就是开始，但开始了并不意味着就可以轻易成功，从开始到成功还有一段距离，这段距离就需要我们认真地计划，发扬执着的精神。罗马不是一天建成的，成功也需要一段长期的积累。

致富需要什么样的计划呢？你需要的不仅是每天的计划、每周的计划、每月的计划、每年的计划，你需要有 3 年的计划，需要有 5 年的计划，更需要有 10 年的计划。成功致富的人都善于规划自己的人生，都知道自己要达成哪些目标，都是先拟定好优先顺序，再拟定一下详细计划。在人生当中，你没有办法做每一件事情，但是你永远有办法去做对你最重要的事情，计划就是一个排列优先顺序的流程。当你把优先顺序排定之后，做起事来会非常轻松、非常有效率，而且，当你做完事情之后成功率也会提高。

千万要记住，凡事要有计划，有了计划再行动，成功的概率会大幅度提升，只有行动，没有计划，是所有失败的开始。由此可见，致富是需要一个周密计划的。

长远的眼光和当下的行动，缺一不可

我们做事既要放眼长远，

又要做好眼前的点点滴滴。

当今社会，经济转轨，社会转型，剧烈的大变革让有的人内心浮躁，不知所措。于是他们整天妄想一夜暴富、一夜成名；或是想不劳而获、坐享其成；或是庸庸碌碌、满口抱怨。

有个小故事以讽刺这些人：

东汉名臣陈蕃少时独居一室而院内龌龊，薛勤批评他："孺子何不洒扫以待宾客？"陈蕃答道："大丈夫处世，当扫除天下，安事一屋乎？"薛勤当即反驳："一屋不扫，何以扫天下？"

一代名臣曾国藩曾说过："天下事当于大处着眼，小处着手。"他是这么说的，也是这么做的，才使得他最终得到了清廷的信任，大权牢牢掌握在自己手中，实现了自己的伟业。天下三分有其一的刘备也说过"勿以恶小而为之，勿以善小而不为"，正是由于他做事认真细致，不放过一丝一毫的细节，才使得天下豪杰争相归附，有了与曹操、孙权抗衡的能力。

每一个成绩的取得都是由一个个动作、一个个工件的制作，一个个程序的编制，一个个知识技能点的掌握，通过日积月累、逐步形成的，都是由多少个不眠之夜、多少身汗水和无数次的失败、成功累积而成的，永远不可能一日成名、一蹴而就。总而言之，一分的成功，必须有百分的付出，必须从小事做起。

"一屋不扫，何以扫天下"，一个人若想成就大事，必须从小事做起。你在人生道路上难免遇到一些困难和挫折，只要你付出，总会找到克服困难的办法，总能到达理想的彼岸。

有这样一个故事：

有人对一只小闹钟说："你一年要重复不停地'嘀嗒'3000多万次，你能忍受这种枯燥乏味的生活吗？"小闹钟听后十分沮丧。一只老怀表对小闹钟说："不要只想着一年怎么'嘀嗒'3000多万次，只要坚持每秒'嘀嗒'一次就行了。"于是，小闹钟按照老怀表说的去做。一年过去了，小闹钟顺利完成了"嘀嗒"3000多万次的任务，变得更加成熟和坚强。

这个故事给我们的启示是：凡事要坚持从小事做起，不要急于求成，不要被困难吓倒，要认真对待每一天，相信只要坚持做好一点一滴的事，距离成功的目标一定会越来越近。

有的人急于实现目标，重结果轻过程，在经过一些努力后，发现目标依然遥远，于是泄气甚至绝望。能够获得成功的人，多是做事有条不紊、坚持不懈的人。人，贵有理想，更可贵的是能为理想坚持不懈地奋斗。老子说过："九层之台，起于垒土；千里之行，始于足下。"孔子也说："无欲速，无见小利。欲速则不达，见小利则大事不成。"因此，我们做事既要放眼长远，又要做好眼前的点点滴滴。

成功贵在坚持。只有相信自己的能力，想好今天要做什么、明天该做什么，努力把每件事做好，就像那只小闹钟一样，坚持每秒"嘀嗒"一下，才能够取得成功。一个人要有雄心壮志，但更要踏实地做好当下的点滴小事。

5

别急，一口气吃不成胖子

饭要一口一口地吃，

路要一步一步地走，

任何人都不能一口气吃成个胖子。

弗洛姆在《逃避自由》一书中阐述道，作为社会中的个体，人总是需要在局部目标达到之后不断确立新的信仰和目标，在某种意义和程度上束缚自己，逃避先前渴求的自由和伴随着这种贬义的自由而来的积极性的丧失、空虚和无聊。人的一生既是短暂的又是漫长的，人一生总目标的实现是比较遥远的事情，任何成功都绝不可能一蹴而就，再伟大的成就也是由一个个小目标的实现累积而成的。纵观每一个成功者的奋斗史，都是在达成无数个小目标之后，才最终成就伟大的事业。所以，要把人生总目标分解成长短不同的阶段性目标，各个击破，逐步接近总目标；而实现一个个阶段性目标带来的成就感和自信心，也会让你对自己的人生总目标更有信心和把握。看似遥不可及的宏伟目标，只要大方向是正确的，是适合自己的，是在自己的能力"射程"之内的，那么，只要遵循化整为零、循序渐进的成功规律，一步一步脚踏实地，稳扎稳打，最终的成功就会是"皇天不负苦心人"、"功到自然成"的事情。数学家华罗庚曾说："要循序渐进！我走过的道路，就是一条循序渐进的道路。"捷克教育家夸美纽斯也说："应当循序渐进地学习一切，在一个时间段内，只应当把注意力集中在一件事情上。"

在世界马拉松史上，曾有一位名不见经传的日本选手赢得了人们的瞩目。作为一名长跑选手，他的个人条件并不出色，但是他却摘取了该年度的马拉松桂冠。记者采访他成功的原因，他说："因为我把比赛全程分解成了一个个具体的目标。我在每一次比赛之前都会做精心准备，我会乘车把比赛要经过的线路观察一遍，记下沿途中比较醒目的标志性建筑物。然后，在漫长的赛程中，我就把全程用各个目标分成一段一段的短程，我会铆足了劲冲向第一个目标，然后调整心态，继续以不变的速度冲向第二个目标。其他选手的目标是最后的终点，所以他们往往跑不到十几公里就已经疲惫不堪了，而我的目标则是下一个小目标，相比之下，我的目标是容易接近的。所以，整个赛程我一直是充满信心的，这信心得益于一个个看得见的分目标呀。"

英国威斯敏斯特教堂旁边矗立着一块墓碑，上面刻着一段著名的发人深省的话："当我年轻的时候，我梦想改变这个世界；当我成熟以后，我发现我不能改变这个世界，我将目光缩短了些，决定只改变我的国家；当我进入暮年以后，我发现我不能够改变我的国家，我的最后愿望仅仅是改变一下我的家庭，但这也不可能。当我躺在床上行将就木时，我突然意识到：如果我一开始仅仅去改变我自己，然后，我可能会改变我的家庭；在家人的帮助和鼓励下，我可能会为国家做一些事情；然后……谁知道呢？我甚至可能会改变这个世界。"

这段话并非哪个名人所说，却因为充满哲理而闻名于世，它提醒人们：如果要实现自己远大的目标，不妨将目标一段一段地分解，让它成为通过一定努力可以实现的较小的具体的阶段性的目标。

俄罗斯撑竿跳高名将谢尔盖·布勃卡就是分解目标、缩小目标的最佳实践者。这位"撑竿跳高沙皇"从 20 世纪 80 年代初开始就独步天下，主宰世界撑竿跳高领域长达 20 年之久。他是田径史上唯一一个赢得 6 次世界冠军的超级巨星，身后留下了 35 次打破世界纪录的辉煌瞬间。

也许，你可能会惊讶地问：这么多次破纪录，他每一次能提高多少啊？答案是：每一次提高 1 厘米！他就是用这种竞赛规则允许的最小度量，在 17 年内把室外世界纪录提升到 6.14 米（室内 6.15 米）。所以有人称他为"1 厘米王"。因此，有些人在钦佩他的同时可能会有一种不屑的想法，觉得他是为了多拿奖金才有意这样做的。其实，布勃卡真实的意图就是为了让自己的目标更小一些，离自己更近一些，这会增加他的信心和力量。他说："如果说当初就把训练目标定为 6.14 米，没准儿早就被这个目标吓倒了。"布勃卡此举非常明智，他将远大的目标缩小为每次一厘米，这样他每破一次纪录，就能获得一次征服的快感和享受，就证明一次自己的实力，就向自己心中更高的目标跨近了一步。

心理学实验证明，太难的和太容易的事，都不容易激起人的兴趣和热情。只有比较难的事，才具有一定的挑战性，才会激发人的热情行动。目标是现实行动的动力和方向。目标过低，如果低于自己的水平，不能完全发挥自己的能力，就不具有激励价值；目标过高，如果高不可攀，就算费尽力气，在较长时期内也不能明显见效，就会挫伤人们对目标的信心，反而起了消极的作用。大目标虽然能够激发我们心中的力量，但是，如果目标距离我们太远，我们就会因为长时间没有实现目标而气馁，甚至会因此而变得自卑。所以，为了顺利实现心中的大目标，最好的方法就是在大目标下分出层次，设定每个阶段的小目标，步步为营，分步实现大目标。

拥有一个宏伟远人的目标并不难，难的是真正地将它付诸实践！难在哪里？就难在人们往往都能树立一个远大的目标和理想，却没有或者缺乏正确地实现这一目标的智慧与策略，于是就不知有多少人在盲目地、缺乏充分准备地向伟大目标的冲刺中折戟沉沙、功败垂成。因此，我们要学会将自己伟大的人生目标分解、缩小为若干个具体的小目标，然后一个一个、一步一步地实现；当这些小目标全部实现后，你的远大目标也就成功地实现了。

6

目标立足于现实，才有实现的可能

成功，

很多时候取决于你是否走了一条正确的奋斗路线。

数学上两点之间的最短距离是直线，生活中达成某一目标的捷径却往往是曲线。为了实现目标需要矢志不渝，但矢志不渝并非是直线逼进，撞了南墙也不回头，往往需要曲线前进。从这个意义上说，在目标和现实之间画一条曲线是实现理想的艺术。

我们面对的世界，是一个充满变数并且竞争非常激烈的世界。成功，很多时候取决于你是否走了一条正确的奋斗路线，只有这样，才能避免偏离目标，朝相反的方向上用劲。

古时候有个渔夫，是出海捕鱼的好手。可他却有一个不好的习惯，就是爱乱定目标，即使目标不切实际，一次次碰壁，也将错就错，死不回头。

这年春天，听说市面上墨鱼的价格最高，于是他便定下目标：这次出海只捞墨鱼。但此次鱼汛遇到的全是螃蟹，他只能空手而归。上岸后，他才得知，现在市面上螃蟹的价格最高。渔夫后悔不已，决定下次出海一定只捕捞螃蟹。

第二次出海，他把注意力都放在了螃蟹上，可这一次遇到的却全是墨鱼，他只好又空手而归。

晚上，渔夫躺在床上，十分懊悔。于是，他又决定：无论遇到螃蟹，还是墨鱼，他都捕捞。

渔夫没有等到第三次出海，就在自己的不断错过中饥寒交迫地离开了人世。

目标离我们很远，现实离我们很近。目标与现实之间的距离长短，取决于自己对自我能力的一种认识。就像上面故事中的渔夫，之所以他每次出海都没得到收获，最后在饥寒交迫中死去，是因为他太喜欢定不切实际的目标了。类似的情况在我们的现实生活中是无处不在的。

目标应建立在现实的基础上才有可能实现，在现实中每个人都要在自己的前方树立一个目标才有所追求，在通向目标的道路上还会有泥泞和坎坷，必须以顽强的毅力，执着地走下去。只要坚持不懈，就会离目标越来越近。

"临渊羡鱼，不如退而结网"这句话，揭示了一个简单的道理：理想和愿望固然美好，但成功的实现需要脚踏实地、坚韧不拔、实事求是的奋斗精神。在生命的调色板上，人人都希望自己是个卓越的画家，能调出五彩缤纷的色彩；人人都希望自己在事业上取得成绩，有所建树。五彩缤纷的希望，给人无穷的追求力量。人们在希望中起步，在希望中成功，而愿望的实现，有人希望从天而降，有人则埋头苦干，在希望中奋斗。前者"羡鱼"，后者"结网"。

然而，希望在哪里？有人说：在明天——明天的快乐、明天的富有、明天的充实……可是有经验的农民不仅希望明天的丰收，更重视今天的耕耘；有作为的青年，不仅希望明天的成功，更重视今天的学习。浑浑噩噩的人何曾没有美丽的憧憬，可是没有今天的耕耘，哪有明天的丰收？等到收获的季节来临了，他们的篮子仍然是空空如也。可见，与其临渊羡鱼，不如退而结网。

如果一个人想充实自己的生活，那他就一定会有目标。一个人失去了目标，就失去了自己的理想与希望，那他的人生有何意义可言？所以确定一个目标对于我们是很重要的，但有些人把目标定得过高，过于荒谬，耽误了自己，失去了前途。

7

梦想不需要备胎

别给失败留下任何一个存在的空间，

别让自己有备用的梦想。

每一天，我们都能遇到对自己的人生和周围的世界不满意的人。在这些对自己处境不满意的人中，98％的人都对心目中喜欢的世界没有一幅清晰的图画。他们没有改善自己生活的目标，无法用一个人生目标去鞭策自己，结果，他们继续生活在一个他们无意改变的世界上。

有一位医生曾对活到百岁以上的老人的共同特点做过大量研究。他叫听众思考一下这些人长寿的共同因素，大多数听众以为这位医生会列举食物、运动、节制烟酒以及其他会影响健康的东西。然而，令听众惊讶的是，医生告诉听众，这些寿星在饮食和运动方面没有什么共同特点。他发现，他们的共同特点是对待未来的态度——他们都有人生目标。

我们自己的人生目标，其实就是一个鼓舞我们克服一切艰难险阻的不竭动力。

如果一个人拥有了明确的人生目标，在他心中就会想着如何才能实现自己的人生目标，他的人生目标会帮助他冲破成功道路上的重重障碍，大踏步向着前方迈进。同时，他也会千方百计地寻找没有阻碍的光明前途，以加快前进的步伐。

鲁迅先生自从看了帝国主义屠杀国人而国人无动于衷的电影之后，决心"医治国人的精神"。人生的目标是人们旺盛斗志的滚滚源泉。从那以后，他拿起了笔，毅然向黑暗社会宣战。一支小小的笔，在鲁迅的手中，时而是匕首——扎向敌人的心脏；时而是手术刀——剔除国人思想中腐朽的封建残余；时而是投枪——刺破白色恐怖，寻找光明。几十年的时间过去了，他笔耕不辍，为我们留下了很多优秀作品，也成为了受人尊敬的一代文学大师。如果鲁迅当时没有订立"治疗国人的精神"这个目标，他也许就是一位普通的医生。就是因为这个目标的确立，让他拥有了旺盛的斗志，最后在漫漫历史长河中写下了自己的名字，成为了民族精神的象征。

我们不能给自己的失败留下任何一个存在的空间，不要让自己有备用的梦想，一个未能实现的梦想，就是一个惧怕失败的梦想。

法国曾经有一个本十分贫穷的年轻人，他经过 10 年的艰苦奋斗，终于成了媒体大亨，跻身法国前 50 名大富翁之列。1998 年在他去世的时候，他将自己的遗嘱刊登在当地报纸上，说：我也曾是低收入者，知道"低收入者最缺少的是什么"的人，就能够得到 100 万法郎的馈赠。先后有两万人争先恐后地寄来了自己的答案。答案五花八门，说什么的都有。有很多人认为，低收入者最缺少的是机会、技能，低收入者最缺少的就是金钱……但是最后没有一个人答对。一年之后，他的律师公开了答案："低收入者最缺少的，是成为成功者的野心！"这个答案几乎所有的成功者都予以认可，这个谜底震动了欧美，他说出了自己之所以能够成为成功者的关键所在。

这里说的"野心"，准确地说，应该是我们常讲的"雄心壮志"。一个心志不高的人，一个一张人生蓝图都没有的人，一个没有远大目标的人，他根本就没有能力创造出任何的奇迹。

梦想需要细心的滋养，因为这是上天所赐。现实生活中，有许多人任由生活夺走自己的梦想。这个掠夺你梦想的人可能会是你的父母、朋友、同事等，他们都会在不知不觉中夺走你的梦想。不要让别人替你做决定，给梦想一个机会，不要让他人毁了你自己的梦想，如果有人打击你，别沮丧，把情境扭转过来。成功的道路并不平坦，你必须详细计划通往成功的路线。

我们不要去试，而是要去做。有人想成功，又不愿意付出努力。真正的成功不是天上掉下来的，要成就任何有价值的目标，都绝非易事。"试"这个字根本不属于成功人生的一部分。你越靠近成功，困难就会越多。这个"试"字模棱两可，暗示犹豫，它实际的意思是，"我也许办得到，但是也可能会失败，所以还是算了"。上天不可能会让你去理解你自己做不到的事，但这并不意味着很容易就能达成自己的目标。有时候我们的思想有多大，我们的成就便有多大。

追求一个明确的目标，可以引导我们的生活。没有人能够替我们订立人生的目标，定立人生目标是我们自己的事情。我们如果想要实现自己的梦想，那么就要通过一系列既高标准又现实的目标设定。为了成功并实现自己的梦想，我们要确立长期的人生目标，然后再设立短期目标。一个个的短期目标提供了通往最终目标的途径。短期目标的设定可以用这两个方面来作为衡量的标准。第一，停下来问自己："为了达到我的目标，我愿意付出多少代价？"第二，要认清自己，知道自己的能力和缺点。

一旦实现了一个目标，就必须再设定一个新的目标。我们一旦达成目标，就要朝着另外一个更大的目标迈进。务必以更坚决的态度面对它，我们千万不能落入空档，设定当前的目标，便为自己提供了通往实现长远目标的阶梯。

8

每天更好一点，就是特别幸运的事

成功不会一蹴而就，

而需要每天进步一点点。

社会中的大多数人，都将生活的重负担在身上，如同一块巨石压身，喘不过气来。的确，我们的生活太沉重了，身心常有疲惫之感，但是我们又不能不为自己的前途静下心来，去寻找出路。也许我们会发出这样的感叹："唉，我的出路何在呀？我都熬到这样的年龄了，怎么还是没有希望？"叹息是没有用的，唯有挺直腰杆寻找出路才可能有最大的希望。

人生之所以迷茫，归根结底是没有远大的志向和为之奋斗的明确目标。没有人生的目标，只会停留在原地；没有远大的志向，只会变得慵懒，只能听天由命，叹息茫然。不想让机会就这样溜走，不想叫青春就这样逝去，只有靠志向和理想冲出迷茫的旋涡，崭新的人生之页将会为你从这里掀开。

人生立志，先从"志"说起。古人对"志"的解释是"心之所指曰志"，也就是指人的思想发展趋向。当代汉语对"志向"一词是这样解释的："未来的理想以及实现这一理想的决心。"理解了"志"的含义后，我们对"立志"的含义就很好理解了，所谓立志，就是立下未来的人生理想。

在人的一生中，除了年幼无知的童年时期外，其他每个不同的成长发展阶段都与立志有很大的关系。简而言之，青少年求学阶段，尤其是大学时期，是人生志向的确立时期；中年工作阶段，是人生志向的实现时期；老年休息阶段，是对人生志向的回顾与检查时期。由此看来，立志是人生各个时期中不可或缺的事，这是值得青年们深思的。

一个没有人生目标的人就像一艘没有舵的船，永远漂流不定，只会搁浅在失望、失败和丧气的海滩上。成功者总是那些有人生目标的人，鲜花和荣誉从来不会降临到那些如无头苍蝇一样在人生之旅中四处乱撞的人头上。

聪明的、有理想、有追求、有上进心的人，一定都有明确的奋斗目标，他懂得自己活着是为了什么，因而他的所有努力，从整体上说都能围绕着一个比较长远的目标进行，他知道自己怎样做是正确的、有用的。有了明确的奋斗目标，也就产生了前进的动力，因而目标不仅是奋斗的方向，更是一种对自己的鞭策。有了目标，就有了热情、有了积极性、有了使命感和成就感。有明确目标的人，会感到自己心里很踏实，生活得很充实，注意力也会神奇地集中起来，不再被外界繁杂的事所干扰，干什么事都显得成竹在胸。

也许我们每一个人都期待走上社会经济的舞台，并成长为影响一方的主角。可是你对自己现在的工作、生活、学习状况感到满意吗？你有没有更大的追求目标与梦想呢？你是不是有时觉得也有信心，可是就是感觉没有集中性的时间给自己充电学习，有时候会因为这个原因而心生焦躁？为了不打击自己的信心，那么就尝试"每天进步一点点"的理念吧。

每天进步一点点，听起来好像没有冲天的气魄，没有诱惑力，也没有展示决心的气势，细细琢磨一下：每天进步一点点，那简直是在默默地创造一个意想不到的奇迹，在不动声色中酝酿一个真实感人的神话。

每天进步一点点，一步登天做不到，但一步一个脚印能做到；一鸣惊人不好做，但一股劲做好一件事，可以做；一下成为天才不可能，但每天进步一点点有可能。

一个人不成功很多时候不是因为他缺少了某些东西，而是他多了某些东西，多了某些影响他成功的不良习惯。譬如，恐惧、懒惰、没耐性……播种一种习惯，将收获一份成功。每天进步一点点，成功是一种量的积累。不积跬步，无以至千里，成功是量变到质变的过程。我们渴望成功的结果，但我们更要珍惜艰苦创业过程中的每一天及每一次的挑战。

　　不羡慕别人的富足，也不抱怨自己暂时的不成功。向自己挑战！每天进步一点点，只要今天的我比昨天的我有所进步，就可以了。让我们珍惜每一天，让我们每天进步一点点。不管是书本知识、谋生的手段、生存的技能，还是适应社会、家庭、工作及生活发展的各项本领，都是我们进步的方向。或者哪怕每天笑容比昨天多一点点；每天走路比昨天精神一点点；每天行动比昨天多一点点；每天效率比昨天提高一点点；每天方法比昨天多找一点点……一个人，如果每天都能进步一点点，哪怕是 1％的进步，试想，有什么能阻挡得了他最终达到成功？

　　有这样一首童谣："失了一颗铁钉，丢了一只马蹄铁；丢了一只马蹄铁，折了一匹战马；折了一匹战马，损了一位将军；损了一位将军，输了一场战争；输了一场战争，亡了一个帝国。"

　　谁能想到，一个帝国的灭亡，一开始居然是因为一只马蹄铁上的一颗小小的铁钉松掉了。

　　正所谓"小涧不补，大洞吃苦"。每次一点点的变化，最终会酿成一场灾难；每次一点点地放大，最终会带来一场"翻天覆地"的变化。成功就是每天进步一点点。

　　每天进步一点点。它具有无穷的威力，只是需要我们有足够的耐性。因为成功就是简单的事情重复着去做。每天进步一点点是简单的，之所以有人不成功，不是他做不到，而是他不愿意做这些简单而重复的事情。因为越简单、越容易的事情，人们也越不屑于去做它。

第四章
别让梦想只是梦与想象

人生因梦想而伟大，

寄托一生的梦想，即可成就一生的辉煌。

但无论多么伟大的梦想，都需要坚守，

否则，你的梦想，始终只能是梦想。

1

每个人的人生都有很多可能

只要能持久，

梦想就能成为现实。

不同的人、不同的成长阶段、不同的境遇，需求不同，所要达成的愿望也不同，梦想也就不一样。在创业过程中，假如你被自己的某个梦想吓了一跳，认为那简直是不可能的，此时请你先不要放弃，坚持自己的梦想，努力朝梦想迈进，宽阔而精彩的人生舞台有可能就在前面等着你！

社会心理学家马斯洛把人的需求分为五个层次，依次为生理、安全、社会交往、尊重和自我实现。不同的梦想激励人不断跨越障碍，追求社会进步和促进自身的发展。

王强是一位很普通的乡下孩子，因为没考上高中而来到城里做起了厨师学徒。和所有的年轻人一样，在工余时间他也常去网吧里玩玩游戏。一次，他们正在一家网吧里上网，忽然间电脑系统出了故障，网吧里的人只能愣在电脑面前等着技术人员修好。但是足足过了20来分钟还没有恢复，有的退钱走人，有些不想走的索性就坐在沙发上大发牢骚，老板安慰大家说："每家网吧都会出现这样的情况，这是行业通病，没办法的！"说者无心，听者有意！王强心想，既然每家网吧都会出现这样的问题，那如果开办一家专门针对网吧的电脑维修公司，不是有很大的市场吗？

从那一刻起，王强对电脑的兴趣就从游戏转到了系统、程序上。半个月后，他把两个月的工资交到了一家计算机学校，开始学起了网页设计、办公软件等电脑知识。师兄弟们纷纷在背地里取笑他说："一个连高中都没有上过的农村孩子，还想从事什么电脑行业？简直是痴人说梦！"

王强的师父也不止一次地提醒他认真学烧菜才是应该做的事情，甚至还因为他的两头忙而狠狠地批评过王强。但是这没有挡住王强追求梦想的决心，他心里面总是想着那个空白的市场，成立一家为网吧服务的电脑维修公司！

为了不让师父责备，他尽量做到不迟到、不早退，把所有学习电脑的时间都安排在业余时间里。因为勤奋和努力，他的电脑水平一直在全校名列前茅。后来，一家私人企业到学校聘一个比较优秀的学员，学校很自然地推荐了王强。于是王强辞掉了厨师的工作，去了那家私人企业里上班。王强边工作边总结，电脑技术变得更加熟练。但半年后的一次，因为他在工作中犯了个大失误而被厂家辞退了，王强一下子跌入了失业的深渊。

在自责和反省中，王强在网吧里找到了一份工作，从事网吧的系统维护、服务器、安装游戏、寻找页面、做网页设计。一年多的时间里，王强对网吧的流程、设备的维护、网络的管理等方面都了如指掌，于是决定辞职自己干。他打印了许多宣传单，给网吧做电影更新，给毕业学生们做些视频简历。可是当时大家对这种简历的认可度不高，而且费用也不低，坚持了半年，鲜有顾客，只能关门大吉。就这样，王强第一次创业失败了。

这时，他那些做厨师的师兄弟们非常善意地对他说："算了，心不要太高，好好做厨师吧！那些事情不是你这样的人所能做的！"

王强感谢师兄弟们的关心，但并没有因此而放弃自己的梦想。他觉得电脑已经越来越普及，各地的网吧更是如雨后春笋般冒出，当前所缺少的正是他这类拥有专业技术的人。王强再次打印了一些宣传单，挨家发给一些网吧，又从朋友那里借来电脑、硬盘和其他一些专业工具，最后到旧货市场买了一张旧写字台，就成立了一家小型网络公司，并且采用了免费试用来吸引客户。没多久，一家网吧老板试用了他的服务，一周后，老板决定用4000元一次性购买他的电脑网络系统维护产品。

得到这家网吧的认可，不仅使他做成了第一笔生意，更为他打造了一个业务示范模本，就这样第二家、第三家紧接而来。

10年时间过去了，当初的小厨师如今已经成为一家大型网络公司的老板，办公地点也从出租房移到了写字楼，技术队伍已发展到了30多人，能从事多项网络技术，每年的经营利润就能达到26万元以上。目前，王强又把客户范围延伸至企事业单位的电脑、网络维护、网络安全管理等。对于将来，王强打算在附近等地陆续开设分公司，努力成为网吧行业的最大网络公司。

有句话叫"只有想不到，没有做不到"，生活中的许多人在心中都会给自己加上一把锁——我只能做这件事！一位17岁的厨师学徒和开办网络公司之间几乎没有任何关联，但正是这种大梦想，为这位年轻的厨师营造出了一个人生和事业的大舞台！很多想创业的人都认为创业最需要的是资金，其实这并不是十分正确，创业最需要的是像王强一样敢于梦想的勇气和胆量以及坚韧不拔的信念，哪怕这个梦想是跨越了眼前现实的！

2

向梦想朝圣的路上，我们需要相信自己

信念，

是蕴藏在心中的一团永不熄灭的火焰。

人人都想成功，每个人都想要获得一些美好的事物，没有人喜欢依赖祈求别人，更没有人喜欢过平庸的生活，也没有人喜欢自己被迫进入某种情况，但是，成功的前提是具有坚定的信念，成功的程度也取决于信念的程度。通俗地讲，就是心存疑虑，就会失败；相信胜利，必定成功。

信念是帆，激励我们敢于乘风破浪；信念是灯，指引我们敢于迎着黑暗，勇往直前。信念是悬崖上的青松，笔直、傲挺，重塑了风的形状，这是一种刚毅；信念是万佛阁中的藏根草，嫩绿，精神，诠释着生命的意义，这是一种坚强。

每个人的心里都有一盏灯，它藏于我们的内心深处。照亮我们的灵魂，激发我们的思想，释放我们的热量，温暖自己和别人。一个人一旦有了一种信念，他便选择了一种姿态，认准了一种人生。他可以风餐露宿，执着地寻求人生的价值，实现自我的超越；他可以在山穷水尽之时雄心不死，风雨飘零之后找到柳暗花明。

成功的信念，在人脑中的作用就如闹钟，会在你需要时将你唤醒；事业恰似雪球，必须勇敢往前推，才会愈滚愈大，但是，若在途中停下，便会立刻消失融化！

信念是成功的种子，埋在我们心灵的深处。只要我们不放弃，在未来的某一天，它一定会破土而出，发芽、生长，结出我们所希望的成功，结出我们期盼已久的幸福！

信念决定一切，因为，信念的真谛在于对大自然的心灵感受，对未知领域的敬畏心情，对社会公正的内心追求，对美好人生的情感寄托。信念意味着心灵的寄托和皈依，给我们的生存提供了精神支撑和心理意义，能够带动我们体会到类似高峰体验的强烈幸福感和自我价值的实现；正确的信念和坚定的信仰是生命之旅的灯塔和基石，总会在最重要、最危难的时刻，彰显出它的力量。

信念，是成功的起点，是托起人生大厦的坚强支柱。在人生的旅途中，我们不可能总是一帆风顺、天遂人愿。有的人身躯可能先天不足或后天病残，但他却能成为生活的强者，创造出常人难以创造的奇迹，他们靠的就是信念。

对一个有志者来说，信念是立身的法宝和希望的长河。信念的力量，在于即使身处逆境，亦能帮助你扬起前进的风帆；信念的伟大，在于即使遭遇不幸，亦能召唤你鼓起生活的勇气。信念，是蕴藏在心中的一团永不熄灭的火焰；信念，是保证一生追求目标成功的内在驱动力。信念的最大价值，是支撑人对美好事物孜孜以求。坚定的信念，是永不凋谢的玫瑰！也就是说，信仰和信念的力量，是我们人生的真正财富。

因此，走在各自的朝圣路上，我们需要强烈的自信支撑自己的身心，需要利用一定的时间来思考自己的目标与价值，需要理清和激发自己前进的动力，需要励精图治、默默耕耘，需要意志坚定地应对挫折和矛盾。至于能否成就美好的人生，有时还需要一点点的运气，不过，这运气往往就来自于我们心灵深处的坚定信念！

3

充实的人生在于追求理想的过程

如果说理想是一棵参天大树，

过程就是树苗上的一滴晨露，

于无声处焕发出勃勃生机。

人生不是铺满鲜花的路途，而是不断奋斗的历程，在这个艰辛的历程中，最充实的莫过于享受奋斗过程中的美景。有人说："人的一生就是一个过程，我们不能为了追求结果，而忘了享受过程。"享受过程才能让每天的生活充实起来。

看看成功人士，他们在追求梦想的时候，并不是只盯着成功的彼岸，而是脚踏实地地走好每一步通向梦想的路。因为在奋斗的过程中，人是容易疲惫的，尤其是在梦想看起来遥不可及的时候。所以，我们应该留意每一个小小的进步，享受每一次小小的成功，那么实现远大的目标就不再让我们感到压力重重。

追逐梦想在于过程而不是结果，如果你不懂得享受过程，纵然你实现了梦想，那也毫无意义。享受过程，远远比享受结果更能带给人快乐，那是一个持久的、给人希望的过程。生活中，许多事情都是这样，追求爱情、打拼事业、追逐梦想等等，我们不能太在乎结果。如果只以成败论英雄，往往会忽视过程，也就无法领略追逐过程当中的那份酸甜苦辣，无法体会那份喜怒哀乐，人生也就少了一种韵味。

泰戈尔说："天空中没有翅膀的痕迹，但我已飞过。"飞过就不遗憾，因为飞翔就是在体验过程。关注过程，并不是否定理想，并不是停滞不前，并不是放弃对事业的终极追求。如果理想是一轮升起的太阳，过程就是天边的一抹朝霞，于不经意间折射出夺目的光彩；如果说理想是一棵参天大树，过程就是树苗上的一滴晨露，于无声处焕发出勃勃生机。

茅以升是我国建造桥梁的专家。他小时候，家住在南京。离他家不远有条河，叫秦淮河。每年端午节，秦淮河上都要举行龙船比赛。到了这一天，两岸人山人海。河面上的龙船都披红挂绿，船上岸上锣鼓喧天，热闹的景象实在让人兴奋。茅以升跟所有的小伙伴一样，每年端午节还没到，就盼望着看龙船比赛了。可是有一年过端午节，茅以升病倒了，小伙伴们都去看龙船比赛，茅以升一个人躺在床上，只盼望小伙伴早点儿回来，把龙船比赛的情景说给他听。小伙伴们直到傍晚才回来，茅以升连忙坐起来说："快给我讲讲，今天的场面有多热闹？"小伙伴们低着头，老半天才说出一句话来："秦淮河出事了！""出了什么事？"茅以升吃了一惊。"看热闹的人太多，把河上的那座桥压塌了，好多人掉进了河里！"听了这个不幸的消息，茅以升非常难过。他仿佛看到许多人纷纷落水，男的、女的、老的、小的，景象凄惨极了。病好了，他一个人跑到秦淮河边，默默地看着断桥发呆。他想："我长大一定要做一个造桥的人，造的大桥结结实实，永远不会倒塌！"从此以后，茅以升特别留心各式各样的桥，平的、拱的、木板的、石头的，出门的时候，不管碰上什么样的桥，他都要上下打量，仔细观察，回到家里就把看到的桥画下来。看书看报的时候，遇到有关桥的资料，他都细心收集起来。天长日久，他积累了很多造桥的知识。他勤奋学习，刻苦钻研，经过长期的努力，终于实现了自己的理想，成为一个建造桥梁的专家。

追求梦想的过程漫长而艰辛，经历过什么并不重要，结果是什么也不重要，重要的是在这过程中学会享受。流星的美，在于过程，它以炫目的轨迹点亮夜空，播种下美好的憧憬；潮汐的美，在于过程，它于潮起潮落间迸发激情，演绎着世事沧桑。过程是世间万物的一种存在方式，我们不能因为太在意遥远的梦想而忽略了眼前的风景。

东汉时，有一个叫班超的人，他从小就很有志气，立志要为国家干一番事业。东汉明帝永平五年（62），他的哥哥班固奉命到洛阳担任校书郎，他与母亲也随同前往。由于生活艰苦，班超不得不替官府誊抄文件，每天从早忙到晚，所得的报酬只能维持生活。一天，班超一边抄着文件，一边想起自己的抱负，心情非常激动，忍不住猛然把毛笔扔到地上，叹息说："男子汉大丈夫纵然没有别的大志向，也应该学习张骞，在与别国的交往中建立功勋，以取得封侯。怎么能老是埋头于笔墨纸砚之间呢？"不久，他参加了军队，因作战英勇，身先士卒而得到了升迁。后来，朝廷又派遣班超出使西域。在多次出使西域的过程中，班超只带着少数人，靠着自己的勇敢和智慧克服了重重困难，为加强汉朝与其他国家在政治、经济、文化等各方面的联系做出重要的贡献，被封为定远侯。

没有过程就没有结果，没有人可以错过，但过程又是容易被忽视的。正像有人说的"乐也一生，悲也一生"，我们对待世界的态度决定着我们的所得，我们对待梦想的态度决定了我们的成败。处在凄苦的意识中看生活、看困难、看挫折、看问题，往往没有出路。只有换一种态度来看待梦想，迎接困难的挑战，才能在平淡的人生中体验惊喜和乐趣，所以，充实的人生应该在于追求理想的过程，而不仅仅在于结果。由此可见，最充实的人生，莫过于不停追逐梦想的人生。

4

别轻易地放弃自己的梦想

一粒花种，追随梦想就能盛开出一个春天；

一株树苗，追随梦想就能成长为一片森林。

很多时候我们总会听到一些这样的抱怨话："我的命怎么这么不好啊，他的命怎么这么好！有好的家庭背景，他有钱……"其实说这些话的人已经又输了一次了。可悲的是他并不知道，这些条件也许很重要，可是在没有这些条件的时候，我们更应该去创造一些有利的条件，最重要的就是提高自己的能力。所以当你没有那些客观的条件的时候就应当努力地提高你自己。

有这样一个故事：

从前有一个人总是抱怨自己的命不好，整天无所事事、愁眉苦脸，于是他找了一个很有名的智者去述说心中的苦闷。这个智者让他伸出手，告诉他哪个是生命线，哪个是爱情线，哪个是财运线。然后让他把手紧紧地握起来告诉他说："小伙子，你看你的命运在谁手里呢？"这个小伙子恍然大悟，原来每个人的命运都是掌握在自己手里的。智者说："抓住机会，创造属于自己的人生吧！"

从某种意义上来说，我们生活的这个世界正是由梦想创造出来的。正因为有了飞行的梦想，才会有飞机翱翔长空；正因为有了远航的梦想，才会有巨轮劈波斩浪；正因为有了征服的梦想，人类才能站在珠峰之巅……真的，对梦想的执着追随，将会创造出令人惊叹的天地。

一粒花种，追随梦想就能盛开出一个春天；一株树苗，追随梦想就能成长为一片森林；一滴水珠，追随梦想就能汇聚为一片海洋。追随梦想，也就是追随奇迹。

特莱艾·特伦恩特 1965 年生于津巴布韦，她只上了一年小学便不得不辍学回家干活，赚来钱以供哥哥上学。特莱艾有一个梦想，就是接受教育。每天哥哥放学后她就迫不及待地翻看哥哥的课本，帮助哥哥做功课。小学老师知情后，恳求特莱艾的父亲让她回校读书，然而她父亲不为所动，并在特莱艾 11 岁时将她嫁了出去。

一晃十几年，特莱艾已经是 5 个孩子的母亲，年过 30 岁，她依然贫困，更糟糕的是她的丈夫常常毒打她，但是，特莱艾并没有放弃受教育的渴望。

正在此时，一个国际援助组织的志愿者团队路过特莱艾居住的村庄，特莱艾向带队的一位志愿者乔·拉克道出了自己的梦想。有幸的是，乔·拉克女士并没有笑话特莱艾这"荒谬透顶"的梦想，而是说了一句鼓舞人生的话——只要你有梦想，你就能实现。

千里之行，始于足下。特莱艾从为国际援助组织工作开始，攒下工资攻读函授课程，从小学课程一直补习到高中，并被美国俄克拉荷马州立大学录取进本科学习。之后，她在持续的贫穷和疲累等种种困难中完成学业，直到 2009 年在美国西密执安大学获得哲学博士学位，现在她是国际援助组织的项目评估专家。

自幼辍学，操劳家务；年幼嫁人，生活贫困；忍受着丈夫的家庭暴力，可想而知特莱艾还能有多少人生追求、人生梦想和学业成就？可就在这种种困境下，特莱艾始终铭记自己的梦想，没有放弃受教育的渴望，并且为之奋斗。最终，她的命运有了转机，生活掀开了新篇章。

世间最容易的事是坚持，最难的也是坚持。说它容易，是因为只要心中有信念，每个人都可以做到；说它难，是因为能够真正坚持下来，能够给梦想足够时间的人太少。相信每个人心中都有自己的梦想和追求，比如开一间属于自己的咖啡厅，完成一次充实生命的环球之旅，资助一名失学儿童直至中学毕业，不管这个梦想是什么，都需要以一种执着的心态去追求。

寻梦是一次长跑，一路高歌，一路欢笑，一路挥汗如雨，一路拼搏努力，是否能超越他人，已不重要，重要的是这一路不辞辛苦，不曾停步，为梦想而战，为年华而战，为人生而战！把最美的时光毫无保留地奉献出来，不经意间就唯美了一路的风景，那波澜壮阔的梦想，已然在彼岸花开。

5

人生重要是所朝的方向

人生重要的不是所坐的椅子，

而是所朝的方向。

机会很多，总没有适合自己的那一个。招聘广告在眼前飞舞，你常常慨叹自己的不足，只想重新走回校园充电；难题摆在眼前，你只需再多一点点的能力就可以一举成名，可这一点点却偏偏是你欠缺的；只要跨过这个门槛，你就可以在那个职位上游刃有余，可是这个门槛太高，你就是跨不出去。总是有这么多尴尬的境况，欲进不能，欲退不得。你茫然四顾，犹如身在险峰，周围的道路都是云雾缭绕，看不真切。这个时候，你更要静下心来，弄清楚自己的位置和方向。不管你处于怎样的境况，都要记住了，人生重要的不是所坐的椅子，而是所朝的方向。

　　从前，一个农夫有两个女儿。大女儿漂亮、善良、多情，人见人爱，大家都宠着她，说她有一天是要嫁到皇宫里去的；小女儿却长相平平，也没有什么突出的个性，她是在大家的漠视中慢慢长大的。大女儿白天帮母亲料理家务，闲下来就浇浇花、喂喂鸟，完全不知日子的流逝，对未来也没什么打算。她的人生早就被她母亲安排好了，那就是通过走访那些和贵族沾边的远亲来结识上层人士，尽可能地嫁给高官或皇族。这是他们全家人的希望，除了小女儿。她整天忙碌在一堆破布和针线当中，她有一个愿望，就是做世界上最美丽的衣裙。

　　她从小就看到全家人省吃俭用地给姐姐买花裙子，是那样地漂亮，就像展翅的蝴蝶，又像吐蕊的花蕾。她也曾趁大家熟睡的时候，偷偷穿在身上，在月光下跳舞。可是，那些裙子终究不是她的，是姐姐的呀，全家人省吃俭用一年只能买一条这样贵的裙子。后来再大一些，她就不再偷穿姐姐的裙子了，而是暗暗下决心，要自己缝制漂亮的花裙。从那个时候起，她总是想方设法在村子里收集各种废旧剩余的布料，照着样子缝制裙子。她的针线活越做越好，缝的补丁都看不见针脚，而且她能够按照补丁的形状缝成花啊、太阳啊、蜻蜓啊，完全看不出来是块补丁。她的手艺引起了村里裁缝的注意，就让她到店里帮忙。从此，她开始了正规的缝纫学习。

　　就在她进入裁缝作坊学习的时候，她的姐姐也开始了相亲。农夫和他的妻子用小女儿缝制的衣裙把他们的大女儿打扮成大户人家的小姐，让她去参加各种社交舞会，以求能够遇见贵人。妹妹曾经对姐姐说，如果不想去可以拒绝的，但是那个美丽的人，她不知道自己要什么、能做什么，倒不如听从父母的安排。时间就这样过去了，大女儿终于找到一个愿意接受她的贵族，可是这个贵族已经40岁了，右腿有些不灵便，而且还带着前妻留下的两个孩子。同时，小女儿也来到城里，是村里的裁缝资助她到著名的裁缝店学习的。大女儿出嫁了，她的父母很开心，得到了一大笔钱，而她自己却无所谓快乐、不快乐的。她没有什么想要的，也不知道能做什么，只是听从命运的安排，偶尔地，她会羡慕妹妹的梦想和努力，但那也只是一小会儿罢了。

小女儿的手艺越来越好，很多上层贵族都喜欢找她做衣服。当她姐姐有了第一个孩子的时候，她终于攒够钱，可以自己开店了。她是多么激动啊，她终于能专心设计，朝着"最美丽的衣裙"这个梦想迈进，还可以免费为那些穷苦的女孩子裁剪漂亮的裙子。小女儿的生活充实而快乐，相反地，她的大姐开始渐渐地枯萎。她生活在"家庭"的形式中，对自己的丈夫、孩子没有热情。也许，她从来就没有对什么怀抱过热情，她很好地履行一个妻子的职责，仅此而已。你再也找不到那个喂鸟、养花的美丽的人，她就像是一具躯壳，容颜凄美、衣着华丽。小女儿很多次劝姐姐想想自己的梦想，可是，那个被上帝眷顾的人淡淡地说，没什么想要的，也没什么可做的。

小女儿的手艺和善行终于传到了皇宫里。公主出嫁的时候，她领到命令负责裁制嫁衣。小女儿说，仅有尺寸是不行的，她需要见到公主本人，才能知道她最适合什么样的衣服，衣裙不仅要合尺寸，更要和人的气质相和谐。于是，她被特准进了皇宫。嫁衣做好了，公主穿上后惊艳四方，各国的王公贵族都非常喜欢，纷纷打听是在哪里定做的。小女儿在京城中一下子成了名人，然而真正令她高兴的是，她终于做出了世界上最美丽的衣裙。然而，更意想不到的是，在她给公主量体裁衣的时候，公主的哥哥、本国的国王恰好经过，于是，不久后她成为了王后。王后的命运，那是人们曾经给她姐姐的预言，却在她身上应验了，不过，那不是命运的恩赐，而是她依靠自己的努力获得的。

上帝给每个人一把椅子，有高有矮，有好有坏，不管怎样，这都不是最终的定局。小女儿最初坐的椅子肯定不如她的姐姐，然而她没有自卑，也没有因为被漠视而抱怨，而是坐稳了，朝着梦想的方向前进。那个"没有什么想要的，不知道做什么"的姐姐平稳地上演自己的命运，上帝给多少就接受多少，始终没有从自己的椅子上踏出过一步；相反，小女儿却在卑微的被漠视的椅子上坚持不懈地迈进，终于突破了原先的"位置"，而达到新的高度。

人生重要的不是所坐的椅子，而是所朝的方向。在有梦想的时候不要放弃梦想，在有机会的时候不要错过机会，在可以拼搏的时候就义无反顾地拼搏。临渊羡鱼，不如退而结网，让我们从现在开始，看清楚前进的方向，努力实现自己的梦想！

6
既然选择了前方，就应该风雨兼程

虽然屡遭挫折，

却有一颗坚强的百折不挠的心，

这就是成功的秘密。

一个人一生如果从未跌倒，算不得光彩；每次跌倒以后，都能勇敢地再站起来，才是最大的荣耀。自古成功在尝试，凡事要勇于尝试，勇敢面对事实，困难才会迎刃而解。既然目标是地平线，那我们留给世界的就只能是背影。

有人问一位智者："请问，怎样才能成功呢？"智者笑笑，递给他一颗花生："用力捏捏它。"那人用力一捏，花生壳碎了，只留下花生仁。

"再搓搓它。"智者说。

那人又照着做了，红色的种皮被搓掉了，只留下白白的果实。

"再用手捏它。"智者说。

那人用力捏着，却怎么也没法把它捏碎。

"再用手搓搓它。"智者说。

当然，什么也搓不下来。

"虽然屡遭挫折，却有一颗坚强的百折不挠的心，这就是成功的秘密。"

智者说。

　　既然选择了前方，就应该风雨兼程；

　　既然选择了彼岸，便不惧狂风巨浪。

　　志在高山，就要飞上蓝天；

　　志在大海，就要劈波斩浪。

　　阿里巴巴集团董事会主席马云说："今天很残酷，明天很残酷，后天很美好，但是大部分人都死在了明天晚上，而唯有毅力卓绝的人才能走到最后，见到光明。"

　　拿创业来说，从无到有地建立一份事业，其中的艰辛是可想而知的。事业的成功总会需要一定的经验、资本等，而年轻的创业者往往总会在这些方面或多或少有些欠缺，所以，为了事业的成功，就得付出代价，更需要具备过人的毅力来承受在创业路上可能遇到的各种艰难和挫折。无论在创业的原始阶段，还是事业真正发展的阶段，这种毅力都是成功不可或缺的一种精神食粮。世上从来没有一帆风顺的事业，在关键时刻，只要你能通过自己坚强的毅力克服并战胜这些艰难困苦，成功一定会在不远的地方等着你。对于许多创业成功的人士来说，这些都是为了让他更成功而设的"小把戏"。

　　生活中有许多人看到别人的成功总是认为是运气好、机会好，总是一天到晚觉得自己有很多想法，自己要怎样怎样，甚至连有钱后怎么花都想到了，但是天天按照固定的路线去单位上班，趁领导不注意跑出去吃顿廉价早餐的人，这样年复一年、日复一日地生活着，到最后只好把自己的理想和抱负寄托在小孩身上，他们还会时常对自己的孩子抱怨："爸爸这辈子机遇不好，没啥指望了，你可要好好努力，抓住机遇，不要让我太失望哦！"

　　其实这种人一生碌碌无为并不是因为没有理想和追求，只是他的理想和追求全部都淹没在他恐惧失败的心理中。他们总是在想万一失败了怎么办，对于过程中失败的恐惧远远大于对于成功的渴望。其实，在不断失败之后不断总结才是真正的成功之母，每次失败后不断检讨自己失败的原因，校正前进的方向，才能逐步迈向成功！所以不要恐惧过程中的风雨兼程，因为它们都是你到达前方所必经的风景。

7

最易被击倒的，是没有信念的人

成功的人都有一种最基本的人生态度，

就是永远忠于自己的信念。

能够坚守自己信念的人，永远不会被击倒，他们是一群人生的胜利者。你的信念可以产生出一种吸引力，吸引你最迫切渴望的人、事、物。许多人的一生穷困潦倒，是因为他们纵容那些负面想法盘踞在心里。

信念是我们根据过去的生活经验，对快乐和痛苦所做的主观认识而形成的。我们也许不曾留意过自己的信念究竟是如何产生的，也不知道那些信念是不是判断错误的结果，更可怕的是，即使那些埋藏在我们心中的小信念未经实践验证，我们竟然也都把它当成真有那么回事，谨慎地固守着，丝毫不敢违背。

每一个人都带着两个同样密封的信封来到这个世界，而这两个信封只有我们自己能打开。其中一个信封装着源源不断的幸福与财富，只要我们抱持坚定的信念和积极的态度就能够获得；另外一个信封的内容，同样是你指挥及运用意志力的结果，却因为缺乏坚定的信念，而造成接连不断的惩罚与灾难。选择哪一个信封，就要看你的信念够不够坚定了。善用意志力，你就可以打造出完美的天时、地利与人和。

信念是你最大的无形资产，但你必须以积极的态度使用它，才能得到帮助。记住，未经你的同意和你自己的配合，没有人可以使你生气或是恐惧。

前人坚持理想与信念，才开创出现代文明的生活方式及思想体系，这些带领人们改变思想的先驱，促成了工业的进步、科技的发达，让我们得以享用造物者所赐予的一切。的确，只要你对自己的信念坚定不移，就没有做不到的事情。

苏格拉·芙顿女士是美国一位著名的侦探小说家，她如此讲述自己的成功之路："如果25年前，就有人告诉你，你将得到你想得到的一切，但是必须等到25年后，你听到这些话会有何感想？而眼前的路你又会如何走下去？"凭着一股对写作的执着信仰和热情，她不停地写。在这段长达25年的沉寂日子里，她的作品大多不受重视，最终都落入了书桌抽屉的最底层，但她仍旧忠于自己的信念，永不放弃。与其说她企盼跻身作家之列，不如说她只是在文字中坚持自己的信念而已。直到她的写作生涯迈向第25年之际，她的作品终于受到出版商的青睐，出版了第一本书，并一举成为家喻户晓的畅销作家。

成功的人都有一种最基本的人生态度，就是永远忠于自己的信念。一个人没有信念，只能平庸地活着；反之，拥有信念就能不畏任何艰难，因为信念的力量惊人，它可以改变恶劣的现状，造就令人难以置信的圆满结局。

信心是打开"不可能做到"这一条锁链的钥匙，也是成功者求生存的一块踏脚板，让他们看得更高、更远。有"方向感"的信念，可令我们的每个想法都充满力量，当你用强大的自信去推动自己时，你就可成就大事。

8

迷茫的时候，向前看

当你面向太阳的时候，

你不会看见阴影。

使自己能集中精力的最佳办法，就是把自己的人生目标摆在适当的高度，并把人生目标清楚地表述出来。在表述你的人生目标时，要以你的梦想和个人的信念作为基础，这样做，有助于把目标定得具体可行，能助你在实施时集中精力，发挥高效率。

在过去的航海时代，曾经有一位第一次出海的年轻水手。当船在北大西洋遇上大风暴的时候，他受命爬上桅杆去调整风帆使它适应风向。在他向上爬的时候，他犯了个错误——低头向下看。颠簸不定的轮船和波涛汹涌的海浪使他非常恐惧，他开始失去平衡。正在这时，一位有经验的水手在下面向他大喊："向上看！孩子，向上看！"这个年轻的水手按照他说的话做了以后，他又重新获得了平衡。

当情况看起来似乎很糟糕的时候，你应该看看你是否站错了方向。当你面向太阳的时候，你不会看见阴影。向后看只会使你丧失信心，向前看才会使你充满自信。当前景不太光明的时候，试着向上看——那儿总是好的，你一定会获得成功，要永远把梦想放在那里。

1947年，美孚石油公司董事长贝里奇到开普敦巡视工作，在卫生间里看到一个小伙子虔诚地跪着擦地板。贝里奇感到很奇怪，问他为何如此。小伙子答，为了感谢一位圣人，是这位圣人帮他找到了这份工作，让他终于有了饭吃。

贝里奇笑着说："我曾经遇到一位圣人，他使我成为了美孚石油公司董事长，你愿意见他一下吗？"这位黑人说："我当然愿意。"

贝里奇说："南非有一座非常有名的山，叫大温特胡克山。那上面住着一位圣人，能为人指点迷津，凡是遇到他的人都会前程似锦。20年前，我去南非登上过这座山，正巧遇到他，并得到他的指点。假如你愿意去拜访，我可以向你的经理说情，准你一个月的假。"

这个小伙子在30天里一路披荆斩棘，风餐露宿，历尽艰辛，终于登上了白雪覆盖的大温特胡克山。他在山顶寻找了一天，除了自己什么都没有遇到。

这个小伙子很失望地回来了，他见到贝里奇后说的第一句话是："董事长先生，一路我处处留意，直到山顶，我发现，除了我之外，没有什么圣人。"

贝里奇说："你说得很对，除了你自己之外，根本没有什么圣人。"

20年后，这个小伙子成了美孚石油公司开普敦分公司的总经理，他的名字叫贾姆纳。2000年，世界经济论坛大会在上海召开，他作为美孚石油公司的代表参加了大会。在一次记者招待会上，针对他传奇的一生，他说了这么一句话："您发现自己的那一天，就是您遇到圣人的时候。"

态度决定一切，从你认识自己的那一刻起，你就已经启程向成功靠近了。记得古希腊先哲在希腊德尔斐神庙上写下这样一句话："人啊，认识你自己。"唯有当我们对自己有个清晰的认识时，才能进一步清晰地去认识他人与世界。当然这里所说的认识是一种积极的认识态度，是一种对生活由衷的热爱态度。生活就像一面镜子，你对它笑，它也对你笑；你对它哭，它也对你哭。卡夫卡说："受难是这个世界和积极因素之间唯一的联系，当我们用不屈服的人生态度面对生命中的磨难时，我们才不会在生命的快乐中缺席。"

第五章
在磨难中成长为最好的自己

当一颗种子没有落在肥土里，

而是落在瓦砾中，它绝不会悲观和叹气，

因为它明白：有磨难，才有成长。

人生也是如此，越是在逆境中，越能绽放坚强。

1

每一种困境都有意义

如果不是被鸡鸣声吵醒，

狮子怎么会看见美丽的早晨？

人生有两种境况：顺境和困境。每个人或许都能微笑地面对顺境，但是能够做到微笑面对困境的人却少之又少。你或许会说："什么？我对困难微笑？这可能吗？困难如蛇蝎毒虫般让人恐惧，我哭恐怕都来不及呢。"然而，越是有大成就、大作为的人，反而越是会坦然面对困境。他们的经历告诉我们：磨难和困境才是帮助我们成功的动力。

生活是一面镜子，你冲它微笑，它也冲你微笑；你冲它发怒，把它击碎，你就只会看到那个支离破碎的自己。困境恰恰又是生活的一种形式，所以你面对困境要学会微笑，这个微笑不是没有意义的微笑，而是对自己的一种鼓励、一种自信。只有敢于面对生活，敢于面对困境，才能掌控自己的命运。

困境是上天赐予的礼物，你只有微笑地去接受它、打开它、弄明白它，你或许才能真正享受到上天的恩赐。很多人在遇到困难的时候，只会垂头丧气，以至于使自己深陷其中不能自拔。困境才是筛选人才的漏斗，勇敢地接受它、克服它，你或许才能避免被筛去的危险。看那些成功的人，哪一个不是拥有着强大的灵魂，敢于对困境微笑的人？

世界上的每件事在行进的过程中大多都不会一帆风顺，当我们遇到困境时习惯性地向上天抱怨是无济于事的。上天对于每个人都是公平的，每一种困境都有它正面的价值所在，关键是如何去面对困境，如何将困境变成上天赐予我们的力量。也许目前看来是增加负担的东西，反而给予我们另一种收获或更上一层楼的动力。困境即是赐予，正确地看待它，我们将会学到更多。

　　如果你真的想改变现状，就不要再为自己找借口。在生活中，有时将你击垮的，并不是那些巨大的挑战，而是一些非常琐碎的小事。不少人都有过这样的体验：当你面临巨大的灾难时，会因恐惧、紧张本能地产生出抗争的力量；当困扰你的是一些鸡毛蒜皮的小事时，你可能就会束手无策，或者非常漠视，因为它们是生活中的细枝末节，很微不足道，几乎微小到不是对手的程度，然而，正是这些看似微不足道的小事，却能无休止地消耗人的精力，就像小蚂蚁一样能把强大的生命置于死地。

　　"不经历风雨怎么见彩虹"，在种种困境中我们不要怨天尤人，更不要等待上天赐予力量去解决难题，我们应积极地利用这些困境，在困境中学习，在困境中锻炼自己，在困境中磨炼自己的意志。困境即是赐予，让我们永远以一颗积极的心勇敢地迎接未来，明天将会因为困境和磨难赐予我们的坚强意志更加灿烂。

　　挫折与坎坷也是生活中的一部分，逆境时有发生。出于许多原因，在复杂的社会中我们经常要面对失败，没有人能够避免和逃脱日常生活中不期而遇的变故。失败往往是通向成功之路的垫脚石，因为失败会引发我们更多的思考，我们也会因此而积累更多的经验，之后，我们就会更容易地找到解决问题的方法。挫折与坎坷也是人生的财富，例如，电灯的发明者爱迪生在他成功之前曾经经历过成百上千次的失败。总的来说，正是失败才使我们加倍地努力工作，最后取得成功。

有一天，素有森林之王之称的狮子，来到了天神面前："我很感谢你赐给我如此雄壮威武的体格，如此强大无比的力气，让我有足够的能力统治这整个森林。"天神听了，微笑着问："但这不是你今天来找我的目的吧？看起来你似乎为了某事而困扰呢！"

狮子轻轻吼了一声，说："天神真是了解我啊！我今天来的确是有事相求。因为尽管我的能力再大，但是每天鸡鸣的时候，我总是会被鸡鸣声给吓醒。神啊！祈求您，再赐给我一些力量，让我不再被鸡叫声吓醒吧！"天神笑道："你去找大象吧，它会给你一个满意的答复的。"

狮子兴冲冲地跑到湖边找大象，还没见到大象，就听到大象跺脚所发出的"砰砰"响声。

狮子加速地跑向大象，却看到大象正气呼呼地直跺脚。

狮子问大象："你干嘛发这么大的脾气？"

大象拼命摇晃着大耳朵，吼着："有只讨厌的小蚊子，总想钻进我的耳朵里，害得我都快痒死了。"

狮子离开了大象，心里暗自想着："原来体形这么巨大的大象，还会怕那么瘦小的蚊子，那我还有什么好抱怨的呢？毕竟鸡鸣也不过一天一次，而蚊子却是无时无刻地骚扰着大象。这样想来，我可比它幸运多了。"

狮子一边走，一边回头看着仍在跺脚的大象，心想："天神要我来看看大象的情况，应该就是想告诉我，谁都会遇上麻烦事，而他并无法帮助所有人。既然如此，那我只好靠自己了！反正以后只要鸡鸣时，我就当作鸡是在提醒我该起床了，如此一想，鸡鸣声对我还有好处呢！"

这则简短的故事，足以引起人们的深思：人生是一个旅程，谁都希望自己的一生一帆风顺。人们渴望人生是一望无际的草原，是一马平川，可以在上面任意驰骋，然而这只是我们的一厢情愿。人生的路上总会遇上一些不顺心的事，这时人们总是习惯性地埋怨上天不公平，于是就祈求上天能赐予我们更多的力量，帮助我们渡过难关，得到幸福。老天是公平的，它对谁都一样，赐予力量、幸福的同时也赐予一定的困境。狮子被鸡鸣声吵着，大象被蚊子咬着，世间的我们也被一些大大小小的事情、困难烦着。上天对于世间万物都是公平的，每个人都有自己的快乐和烦恼。每个人都有必须面对的困境，我们无须埋怨老天。一个障碍，就是一个新的已知条件，只要愿意，任何一个障碍都会成为一个超越自我的契机。关键是如何去面对困境，如何将困境变成上天赐予我们的力量。其实，上天赐予我们的困境也有有利的一面，就像狮子如果不是被鸡鸣声吵醒怎么会看见美丽的早晨呢？狮子虽然是羚羊的天敌，但如果没有狮子的威胁，羚羊就不会像今天这样灵活与矫健。

可见上天是最公平的，每一个困境都有它正面的价值所在，关键是如何去面对困境，如何将困境变成上天赐予我们的力量。也许此刻你正处在磨难与困境中，不要悲观失望，把这次的风浪当作一次新尝试，在磨难中顽强成长，在风浪中奋勇前行，当你静心梳理时，你会惊奇地发现，原来磨难也是一种财富！

2

生命因挫折而历久弥香

茶叶因沸水才释放出深蕴的清香，

生命也只有经历一次次挫折才能沉淀出人生的幽香。

世间人常说的一句话是"逆境出人才"。是的，人在顺境中是不能修心的，人只能在逆境中修行。人们最出色的工作往往是处于逆境的情况下做出的。逆境是对人生的一种考验，是对人的生活的一种磨炼。

如果一个人要想变得坚强，应该接受逆境的磨炼；顺境不一定就好，逆境也不一定就不好。生活中，因为有苦，所以人会努力、思考、精进，才会思变，才会改变，才会领悟。

逆境，对弱者是一种打击，对强者却是一种激励。逆境之所以出人才，是因为人能够正视生活中的种种困难，有迎难而上的精神，有坚持不懈的意志。逆境是块磨刀石，它能磨砺出人们奋发向上的意志和百折不挠的精神；逆境是所学校，人能在这里学到丰富的人生知识。

很多人刚开始满怀信心地踏上人生大道，但是只要一遇逆境就很自然地向后转，情况好点的就留在原地踏步，只有极少数的人能突破困境，过关斩将，他们才是真正的英雄好汉，所以，我们要乐于迎接人生中的每一个逆境。

在追求成功的道路上，我们要能够忍耐从肉体到精神上的全面磨炼，之后才能成功。依靠忍耐，许多困难都能克服，甚至许多原本已经无望的事情都可以起死回生。像拥抱幸福一样拥抱苦难，我们的人生会更精彩！

　　一个屡屡失意的年轻人千里迢迢来到普济寺，慕名寻到老僧释圆，他沮丧地对释圆说："像我这样屡屡失意的人，活着也是苟且偷生，有什么意义呢？"

　　释圆如入定般坐着，静静听着这位年轻人的叹息和絮叨，什么也不说，只是吩咐小和尚说："施主远途而来，烧一壶温水送过来。"

　　小和尚送来了一壶温水，释圆抓了一把茶叶放进杯子里，然后用温水沏了，放在年轻人面前的茶几上，微微一笑说："施主，请用些茶。"

　　年轻人俯首看看杯子，只见杯子里微微地袅出几缕水汽，那些茶叶静静地浮着。年轻人不解地询问释圆说："贵寺怎么用温水冲茶？"

　　释圆微笑不语，只是示意年轻人说："施主请用茶吧。"

　　年轻人只好端起杯子，轻轻呷了两口。释圆说："请问施主，这茶可香？"

　　年轻人又呷了两口，细细品了又品，摇摇头说："这是什么茶？一点茶香也没有呀。"

　　释圆笑笑说："这是闽浙的名茶铁观音啊，怎么会没有茶香？"

　　年轻人听说是上乘的铁观音，又忙端起杯子吹开浮着的茶叶，呷了两口，又再三细细品味，还是放下杯子肯定地说："真的没有一丝茶香。"

　　释圆微微一笑，吩咐门外的小和尚说："再去膳房烧一壶沸水送过来。"

　　小和尚不一会儿便提来一壶壶嘴吱吱吐着浓浓白气的沸水进来。释圆起身，又取一个杯子，撮了把茶叶放进去，稍稍朝杯子里注了些沸水，放在年轻人面前的茶几上。

　　年轻人俯首去看杯子里的茶，只见那些茶叶在杯子里上上下下地沉浮，随着茶叶的沉浮，一缕细微的清香便从杯子里袅袅地溢出来。嗅着那清清的茶香，年轻人禁不住想去端那杯子。释圆微微一笑说："施主稍候。"说着便提起水壶朝杯子里又注了一缕沸水。

年轻人再俯首看杯子，只见那些茶叶上上下下、沉沉浮浮得更厉害了。同时，一缕更醇、更醉人的茶香袅袅地升腾出杯子，在禅房里静静地弥漫着。释圆如是地注了五次水，杯子终于满了，那一杯碧绿的茶水，沁得满屋津津生香。

释圆笑着问道："施主可知道同是铁观音却为什么茶味迥异吗？"

年轻人思忖说："一杯用温水冲沏，一杯用沸水冲沏，用水不同吧。"

释圆笑笑说："用水不同，则茶叶的沉浮就不同。用温水沏的茶，茶叶就轻轻地浮在水之上，没有沉浮，茶叶怎么会散逸它的清香呢？而用沸水冲沏的茶，冲沏了一次又一次，茶叶沉了又浮，浮了又沉，沉沉浮浮，茶叶就释出了它春雨的清幽、夏阳的炽烈、秋风的醇厚、冬霜的清冽。世间芸芸众生，又何尝不是茶呢？那些不经风雨的人，平平静静地生活，就像温水沏的茶平淡地悬浮着，弥漫不出他们生命和智慧的清香；而那些栉风沐雨、饱经沧桑的人，坎坷和不幸一次又一次袭击他们，就像被沸水沏了一次又一次的酽茶，他们在风风雨雨的岁月中沉沉浮浮，于是像沸水一次次冲沏的茶一样溢出了他们生命的脉脉清香。"年轻人听后恍然大悟。

是的，浮生若茶。我们何尝不是一撮生命的清茶？命运又何尝不是一壶温水或炽热的沸水呢？茶叶因沸水才释放出深蕴的清香，生命也只有经历一次次挫折才能沉淀出人生的幽香。

3

比深陷困境更不幸的是失去希望

所谓强者，就是能面对挫折，

会在自己的心头点燃一根火柴，

点亮人生的希望，继续向前。

《命运》交响曲是贝多芬杰出的一部作品，它的主题是反映人类和命运搏斗，最终战胜命运的过程。这也是他自己人生的写照。

对于在第一乐章中连续出现的深沉而有力的音符，贝多芬说："命运就是这样敲门的。"

贝多芬是世界著名的音乐家，也是命运最糟的一个。童年，贝多芬是在泪水浸泡中长大的。家境贫困，父母失和，造成贝多芬性格上严肃、孤僻、倔强和独立，在他心中蕴藏着强烈而深沉的感情。他从 12 岁开始作曲，14 岁参加乐团演出并领取工资补贴家用。到了 17 岁，母亲病逝，家中只剩下两个弟弟、一个妹妹和已经堕落的父亲。不久，贝多芬得了伤寒和天花，几乎丧命。贝多芬简直成了苦难的象征，他的不幸是一般的孩子难以承受的。

尽管如此，贝多芬还是挺过来了。他对音乐酷爱到离不开的程度。在他的作品中，有着他生活的影子，既充满高尚的思想，又流露出对人间美好事物的追求、向往。对美丽的大自然他有抒发不尽的情怀。

说贝多芬命运不好，不光指他童年悲惨，实际上他最大的不幸，莫过于从 26 岁起听力上的逐渐衰退。先是耳朵日夜作响，继而听觉日益衰弱。他去野外散步，再也听不见农夫的笛声了。从此，他孤独地过着聋人的生活，全部精力都在和聋疾苦战。

贝多芬活在世上，能理解他的人太少了，而唯一能给他安慰的只有音乐。他作曲时，常把一根细木棍咬在嘴里，借以感受钢琴的振动。他用自己无法听到的声音，倾诉着自己对大自然的挚爱，对真理的追求，对未来的憧憬。他著名的《命运》交响曲就是在完全失去听觉的状态中创作的。他坚信"音乐可以使人类的精神爆发出火花"，"顽强地战斗，通过斗争去取得胜利"。这种思想贯穿了贝多芬作品的始终。

1827 年 3 月 26 日，一个雷雨交加的夜晚，音乐巨人与世长辞，那年他才 57 岁。贝多芬一生是不平顺的，世界给他的欢乐不多，他却为人类创造了欢乐。贝多芬身体是虚弱的，但他是真正的强者。

是的，面对困境，生命的强者从来不会怨天尤人、自暴自弃，唯有在自己的心头点燃一根火柴，点亮人生的希望，并义无反顾地走下去。

有一架运输机，前往某地准备去切断废弃的石油管道。在飞越一片戈壁滩的时候，不幸遭遇了一场特大的沙尘暴，但飞机还是成功地迫降了。

飞机上只有驾驶员、设计工程师、导航员三人。正当大家为劫后余生欢呼的时候，却发现身处戈壁滩深处，更为要命的是：飞机严重受损，无法重新起飞；通讯设备全部损坏，无法与外界取得联系。

望着茫茫一片的戈壁滩，大家顿时感到死亡正在向自己一步步地逼近。为了不同的逃生方案，驾驶员和导航员发生了激烈的争吵，谁也说服不了谁，发展到最后竟然拳脚相向地抢起了食物和水来。

在这紧要关头，一直坐在一边儿苦苦思索的设计工程师冲了过来，一脸兴奋地说道："你们两个谁也不要再争了。"

"怎么，难道你有更好的逃生办法？"两个人异口同声地问他。

设计工程师笑了笑，说："我刚才大致检查了一下飞机，发现飞机的主要部件并没有损坏，只要你们两个都听我的指挥，我可以把飞机修好的！"

驾驶员和导航员听了，立即停止了争斗，赶紧按照设计工程师的话忙碌起来。为了躲避烈日炙晒，大家就白天休息，晚上干活；为了节省食物和水，大家就两餐并作一餐吃，而飞机的修复工作，也在有条不紊地紧张进行着。

几天过去了，飞机还是没有修好。就在这个时候，导航员偶然地发现，设计工程师根本就不会修理飞机，他只是在不停地重复着一些装卸工作。导航员恼羞成怒起来，一把抓起设计工程师的衣服领子："好你个骗子，在这身陷绝境的时候，你还不忘欺骗我们啊！"

"不，我没有欺骗你们！"设计工程师冷静地分辩着。

突然，设计工程师兴奋地挥舞着手："来呀，救救我们——"

顺着设计工程师手指的方向望去，一支商人的驼队正在远处不紧不慢地晃动着。于是，三个人得救了。

喝着商人递过来的水，设计工程师开心地笑着说："怎么样，我没有欺骗你们两个吧？"驾驶员和导航员顿时醒悟过来了。

在我们的生命中，身陷困境固然是非常不幸的，但是比困境更加不幸的是心中没有希望，倘若如此，就只有慢慢地等待着死亡的降临了。设计工程师的欺骗给他的同伴得以存活下去的希望，正是这种希望支撑着他们在苦难的边缘抗争。

人生难免会遇到这样那样的不幸，只要还有1%的希望，就应该付出100%的努力！请怀抱希望勇敢地面对吧。相信自己，一定可以战胜挫折！

④ 不历经磨难，如何知道自己有多强大

越是严酷的环境，

越容易造就顽强的生命，如悬崖上的树，

忍住了磨炼，便绽放了美丽。

"天将降大任于斯人也，必先苦其心志，劳其筋骨，饿其体肤，空乏其身，行拂乱其所为，所以动心忍性，曾益其所不能。"不经过风浪，就不能达到胜利的彼岸；不经历风雨，就不能看到彩虹；不经受磨难，就不能成大事。如果你身处顺境，请走出"温室"，拿出勇气迎接困难的挑战；如果你身处逆境，也不要气馁，要勇敢地克服困难。

古往今来，有许多名人都是经过逆境奋进成功的。像司马迁，他受李陵一案牵连身受宫刑，蒙受奇耻大辱，但他终于挺过磨难，发愤写完了辉煌巨著——《史记》。再如华人张士柏，他经历了从游泳健将到高位截瘫的巨大变故，却并未因此一蹶不振，反而将它化为动力，勤奋学习，完成了许多健康人都做不到的事情……逆境中成材的名人不胜枚举。

美国的大发明家爱迪生，小时候家里贫穷，买不起书，买不起做实验用的器材，他就到处收集瓶瓶罐罐。一次，他在火车上做实验，不小心引起了爆炸。车长扇了他一记耳光，他的一只耳朵就这样被打聋了。生活上的困苦、身体上的缺陷，并没有使他灰心，他更加勤奋地学习，终于成了一个举世闻名的科学家。

就成材而言，不管是顺境还是逆境，都是外因，是要通过内因来起作用的。顺境中的人容易受迷惑，他们往往贪图享受，不知奋进，不知道苦难为何物。没有志向、没有进取心的人，又怎么能成材呢？逆境中的人则不同，他们饱受磨难，一次次与命运和困难作斗争，为走出逆境，大多都树立了远大的志向和坚定的目标。人没有压力不抬头，没有动力不奋进，一旦二者兼备，就会发挥出令人吃惊的潜力，这正是顺境中的人一般不具备的。

当然，既然环境是外因，所以不是所有身处顺境的人都不能成材，更不是所有逆境中的人都会成材，这之间没有必然的联系。顺境中的人如果能不图安逸，立下壮志，奋力拼搏，又何愁不能成材呢？相反，逆境中的人如果经不起磨难，就会消沉下去乃至被磨难所吞噬。

逆境造就人才，逆境中的生命是顽强的，逆境中的人们要坚信：阳光总在风雨后，你们会成功的！就像悬崖上的树苗，在山谷中翱翔的雄鹰，勇敢与海浪搏斗的海燕，它们都面对着不一般的环境。恶劣的考验使它们爆发出生命的力量，<u>超越脆弱</u>，绽放坚强。

人生没有一帆风顺的阳关大道，只有坎坎坷坷的山间小路，没有风和日丽的田野，只有看似平静而实际上是暗潮涌动的大海。生命只有在逆境中才能越活越坚强，绽放出美丽的火花。

5

最难战胜的人，是自己

与其整天琢磨如何找到对手的软肋，

倒不如让自己变得足够强大。

成功并不是偶然的，它是经过无数次努力与奋斗的坚定，它是经过无数次困难与挫折磨炼后的见证。只有那些在风雨中走过的人们，才知道痛苦和快乐究竟意味着什么，那泥泞中留下的两行印迹，就证明着他们的价值。

1953 年，科学家沃森和克里克从照片上发现了 DNA 的分子结构，并提出了 DNA 螺旋结构的假说，这标志着生物时代的到来，他们也因此获得了1962 年度的诺贝尔医学奖。可是，早在 1951 年，英国一位叫富兰克林的科学家就从自己所拍的 DNA 的 X 射线衍射照片上发现了 DNA 的螺旋结构。但由于他生性自卑，极度怀疑自己的判断，所以与成功失之交臂。

人的本性注定我们内心有许多的不坚强，自己往往是成功最可怕的阻碍。为了成功，我们必须战胜自己，因为这往往是我们通向成功的最后一道屏障。我们只有战胜自己，才能成为自己的主人；只有成为自己的主人，我们才能把握自己的人生。

自己与自己的较量是最残酷的，也是最惊心动魄的，因为我们面对的不是别人，而是自己。他和我们一样强大，他很了解我们的内心，只要我们稍不留神，就会被他钻了空子。他也很了解我们的防守和进攻，在这个对手面前我们几乎就是个透明人，一不小心就会被他击败。在人生的道路上，有的人能够成功，有的人却总是失败，所有能够成功的人都是打败自己的人；那些被自己打败的人，必定成为生活中的失败者。

人生难免会遇到挫折，然而，人们对待挫折的态度却各不相同。日本著名哲学家武者小路实笃的一番话说得好："人类中，谁都不能回避不幸的阴影，在这种时刻，各人凭自己的修养来对付：圣人就像圣人，勇士就像勇士，普通人就像普通人，愚者就像愚者，善人就像善人，恶人就像恶人，各人的本性在这种场合暴露无遗。"同一种境遇，由于各人的品性不同，所采取的态度千差万别，有些人就此陷入不幸的深渊，而有些人在遭到灾难的袭击后成为坚强的搏击者。

战胜自己，最需要的就是一种坚强的意志力。人与人之间、强者与弱者之间、成功者与失败者之间最大的差异就在于意志力的差异。一个人只有具有了坚强的意志力，才能够成为自己的主人，也才能够成为生活中的强者。

为了炸药的问世，科学巨匠诺贝尔进行了400余次试验，其间发生了好几次惊险的爆炸事件，炸飞了实验室，炸死了亲弟弟和四个助手。许多人劝他放弃这冒险的试验，他却毫不气馁，将实验室设到了瑞典马拉伦湖中的船上。1867年9月3日，一声巨响从船中突然爆发，整个船身剧烈晃动，滚滚浓烟从门窗中冲出，面孔乌黑、浑身是血的诺贝尔从硝烟中钻出来，像狂人一样地呼喊着："成功了！成功了！"

纵观历史，多少出类拔萃者之所以能成功，很重要的一点，就是他们绝不认输，最终战胜了自己。

有时，使我们疲惫的并非远方的征程，而是我们鞋里的沙子；阻碍我们成功的也并非生活中的困难，而是我们脆弱的心灵。如果我们的内心可以更加坚强一些，强大到可以战胜内心的一切弱点，我们或许就会发现其实成功就在眼前。

南朝的祖冲之，在当时极其简陋的条件下，靠一片片小竹片进行大量复杂的计算，一遍又一遍，历经无数次失败，终于成为世界上第一个把圆周率精确到小数点后第七位的人。伟大的发明家爱迪生，在发明电灯的过程中，做了无数次失败的试验，总共试用了6000多种纤维材料，最终才确定用钨丝来做灯丝，提高了电灯泡的使用寿命。

当我们需要勇气的时候，先要战胜自己的懦弱；需要洒脱的时候，先要战胜自己的执迷；需要勤奋的时候，先要战胜自己的懒惰；需要宽宏大量的时候，先要战胜自己的狭隘；需要廉洁的时候，先要战胜自己的贪欲；需要公正的时候，先要战胜自己的偏私。

很多人习惯把目光放在别人的身上，仿佛只有这样，才知道自己该做什么、该如何做。把别人当作自己的目标的人，是最没有思想和目标的人，他们把一辈子的时间和精力都花在了寻找别人的足迹上，并期望以此在角逐中超越和战胜对手。事实上，战胜自己远比战胜他人重要。人最难做到的不是认清对手，而是认清自己，同样，最难战胜的也不是对手，而只能是我们自己。

战胜别人并不难，远比战胜我们自己来得容易。要知道，再强大的对手也不是无懈可击的，别人的弱点暴露在明处，而自己的不足始终躲藏在你的视线之外。所谓明枪易躲，暗箭难防，最终伤害自己的，可能就是自身潜藏着的暗箭，因此，战胜别人也许能让我们取得一时的胜利，但它并不能帮助我们实现人生的目标。

兵法说，知己知彼，方可百战不殆。只是一味地盯着别人，不但会迷惑我们的视线，而且会使我们放松警惕。当一个人对别人观察细致入微的时候，恰恰是他看不见自己的时候。在不能正确认识自己的情况下，盲目地沾沾自喜，就会把优势转化为劣势。

不要总想着如何战胜别人，否则，你将永远只能走在别人的后面。别人将是你一道无法翻越的坎，不能涉过的河。战胜对手并不是取胜的唯一办法，与其整天琢磨如何找到对手的软肋，倒不如让自己变得足够强大。

不要老想着如何寻找别人的短处和破绽，那样，你实际上是在帮助你的对手改正错误。对手早已将缺点放下，你却不得不背负着别人的错误上路。同时，致力于找到对手的薄弱之处，使得你忘记了自己的使命，最终，也许你可以找到对手的弱点，但你也将失去向终点进发的时间。

一步一个脚印，踏踏实实地走好自己的路。即使我们迷了路，但也不会迷失方向，顺着我们自己的脚印，仍可回到出发的地方，并尝试一条新的路线，开始新的征程。

在挫折面前，需要我们战胜气馁的情绪。世界上没有一条道是平坦宽阔、畅通无阻的，做事情碰到艰难险阻、遭遇挫折是再正常不过的了。对此，我们应该有充分的心理准备，尤其是在顺利的时候。顺境时想退路，逆境时找出路，这一点十分重要。

在失败面前，需要我们战胜怯懦的心理。一个人很难在同一个地方摔倒两次，那是因为我们提高了警惕，然而，过于警惕无异于怯懦。失败是成功之母，后人的成功往往建立在前人失败的基础之上，遇到失败，最重要的是重拾信心，对自己说声没关系。

我们无法保证自己不犯错误，也不可避免地存在各种弱点和不足。这是一个人成长进步的基础，是回避不了的事实。在任何时候、任何情况下，战胜自己才是最重要的。只有战胜了自己，才能有所收获！让我们每一个人都学会战胜自己吧！

6

人生之路无法直达，总有很多弯路

积累得越多，人越成熟；

经历得越多，生命越深厚。

上帝就像一个精明的生意人，给你一分天赋，就搭配九倍于天赋的苦难。世界超级小提琴家帕格尼尼就是一位同时接受两项馈赠又善于用苦难的琴弦把天赋演绎到极致的奇人。

他是一位苦难者。4岁时一场麻疹和强直性昏厥症，已使他险些进入棺材。7岁患上严重肺炎，不得不大量放血治疗。46岁牙床突然长满脓疮，只好拔掉几乎所有的牙齿。牙病刚愈，他又染上了可怕的眼疾，幼小的儿子成了他手中的拐杖。50岁后，关节炎、肠道炎、喉结核等多种疾病吞噬着他的肌体。后来声带也坏了，儿子靠口形翻译他的思想。他仅活到了57岁，就口吐鲜血而亡。死后尸体也备受折磨，先后迁移多次。

上帝搭配给他的苦难实在是太残酷无情了，但上帝似乎觉得这还不够沉重，又在生活中给他设置了各种障碍和旋涡。他长期把自己囚禁起来，每天练琴10至12小时，忘记饥饿和死亡。13岁起，他就周游各地过着流浪的生活。除了儿子和小提琴外，他几乎没有一个家人和其他亲人。苦难才是他的情人，他把它拥抱得那么热烈和悲壮。

他也是一位天才。3岁学琴，12岁就举办音乐会，并一举成名，轰动音乐界。之后他的琴声遍及法、意、奥、德、英、捷等国。

他的演奏使帕尔马首席提琴家罗拉惊异得从病榻上跳下来，木然而立，无颜收他为徒。他的琴声使卢卡的听众欣喜若狂，宣布他为共和国首席小提琴家。他在意大利的巡回演出产生了神奇效果，人们到处传说他的琴弦是用情妇肠子做的，魔鬼又暗授妖术，所以其琴声才魔力无穷。维也纳一位盲人听他的琴声以为是乐队在演奏，当得知台上只有他一人时，大叫"他是个魔鬼"，随之匆忙逃走。巴黎人为他的琴声陶醉，早已忘记正在流行的霍乱，演奏会依然场场爆满……

他不但用独特的指法、弓法和充满魔力的旋律征服了整个欧洲和世界，而且发展了指挥艺术，创作出《二十四首随想曲》《无穷动》《女巫之舞》和6部小提琴协奏曲及许多吉他演奏曲。几乎欧洲所有的文学艺术大师如大仲马、巴尔扎克、肖邦等都听过他演奏，并为之感动。音乐评论家勃拉兹称他是"操琴弓的魔术师"。歌德评价他"在琴弦上展现了火一样的灵魂"。李斯特大喊："天啊！在这4根琴弦中包含着多少苦难、痛苦和受到残害的生灵啊！"

苦难是一所最好的大学，当然你必须首先不被其击倒，然后才能成就自己。有时，遭遇弯曲的挫折又何妨呢？人生道路，不全是一条直线，而是坑坑洼洼、曲曲折折的泥泞小道，有时上，有时下。多一条弯路，我们就会多一份生活的体验，就会多出一份人生的智慧。

美国著名成功学专家卡耐基认为：漫漫人生路中，我们可能会遭遇一些不如意的事情，也许，每件事情都没有最差的情况，就看我们怎么去对待。这个世界总会有阴暗面，一缕阳光从天空照下来的时候，总有照不到的地方。如果我们的眼睛只盯在黑暗处，抱怨世界的黑暗，那么，我们将只会得到黑暗。

与其选择悲观抱怨，不如选择乐观积极。如果我们不能改变环境，至少可以改变自己对待事情的态度。就好像我们无法左右今天的天气是阴雨连绵还是阳光普照，但我们却可以控制自己的心情，是选择一个微笑，还是选择沉沦。在我们做了一个态度的选择后，其后的事情，往往就是我们心态的一个折射和延续。

心态是我们应对各种人生遭遇的态度反应，积极的心态有助于成功，消极的心态只有毁灭自己。生活就是一面镜子，它笑，是因为我们对着它笑；它哭，是因为我们对着它哭。

经历就是一笔财富，这笔财富是别人给不了的，也是其他人模仿不来的，更是固守在一个小天地里得不到的。每一次经历就是一次认知水平的提高，一次人生阅历的丰富。

经历是最好的老师，也是一笔财富，它能让我们开阔视野，明白事理，懂得生活，升华人生。积累得越多，人越成熟；经历得越多，生命越深厚。丰满的人生就是依靠丰富的经历铸就而成的。

你的坚持，终将美好

只要坚持不懈，

就一定会从逆境中走出来，

而且会创造出更美好的明天。

有人说："逆境是一位严厉的老师，他指派一个比我们更了解自己的人来管理我们，就像他也更爱我们一样。他与我们进行角力，来加强我们的勇气，增强我们的灵活性。我们的对手也是我们的助手。在这种矛盾的抵触中，我们对目标有了更深的了解，并促使我们从各方面去考虑他。他能够使我们不会变得很肤浅。"我们应当有像棕榈树一样的坚强性格，越是在逆境中，生命力越是旺盛。在巨大的不幸之下还能勇敢地挺下来的人，通常能经得住时来运转的考验。在与逆境交战中我们都是胜利者，是因为对手使我们发挥了很大的潜力，就是依靠这种力量才使我们取得胜利。人最大的敌人就是自己，要克服困难和恐惧只有靠自己，"相信自己，我能行"。

其实，磨难才是人生中最宝贵的财富。人只有在逆境中奋进，才能迸发出超强的生命力。因为人都是有惰性的，当我们处于逆境中的时候，千万不能轻言放弃。在逆境中，无论什么时候对于我们来说都是一种极限的挑战，我们只要坚持不懈，就一定会从逆境中走出来，而且会创造出更美好的明天。

　　他是一个残疾人，但他却凭借自己的努力和智慧获得前所未有的成功，谱写了一曲辉煌的生命乐章。他的命运很坎坷。在他出生9个月时被医生查出患有先天性视网膜细胞癌，致使他双目失明了。从此他的生命里到处是一片黑暗的世界，他无法和其他正常的孩子一样无忧无虑地玩耍、上学。虽然遭遇命运的不公和生活的重担，但他的母亲却没有因此放弃他，而是毅然地用自己瘦弱的身躯支撑着这个家，也支撑起他的音乐梦想。父母为了让儿子的生活能够自理，还送他去盲人学校念书等，他们为孩子付出了很多。后来，才华横溢的他不负重望考进北京某残疾人艺术团，成为一名独唱演员。之后一切都顺利，但老天爷偏偏和他开了很大的玩笑：先是奶奶去世了（爷爷很早就过世了），然后是父亲意外遭遇车祸撒手人寰。这一系列沉重的打击没有将他打垮，而是让他更加努力地去实现自己的梦想。他在参加某比赛时，终于获得了冠军。

　　逆境有时是一笔巨大的财富，关键是看你如何对待。如果你乐观地对待逆境的话，即使遭受再大的挫折也不会畏惧，也能坦然面对。只要坚持不懈地奋斗，逆境将会变成顺境，挫折终会被你操控。

　　逆境给人宝贵的磨炼机会。只有经得起逆境考验的人，才能成为真正的强者。只要有信心、有恒心、有勇气、有毅力、有实干精神，即使眼看山穷水尽，仍要想到会峰回路转、柳暗花明。自古以来，所有能成就一番大事业的人无一不是脚踏实地、努力奋斗的人。唉声叹气不是办法，幻想憧憬不是出路，只有信心十足地去干，才能走出困境。

　　几乎每一个人都期望一帆风顺。许多人都说：前进的路上，即使没有莺歌燕舞，没有盛开的鲜花，那最好也没有风雨、没有挫折。其实，这是不可能的，要知道挫折也是人生的一笔财富。没有挫折的人生，从某种意义上来说是黯然失色的。说"磨难是人生的财富"，最主要的一点是磨难会让我们变得聪明，变得坚强，变得成熟，变得完美。当然，这首先需要我们经得住磨难。

第六章
总有更美好的时光等待与你相见

幸福与否，取决于你的心态。

选择了乐观的心态，拥有了好心情，

就能欣赏到好的风光；

选择了悲观的心态，生活处处都是不顺心。

有阴影，说明你正面朝阳光

如同一枚硬币有正反两面一样，

人生也有正面和背面。

选择哪面，在于自己的心态。

　　一个是智商高的工程师，一个是智商一般的普通女工，她们都曾面临着同样一个困境——下岗，但为什么她们的命运却迥然不同呢？原因就在于她们各自的心态不同。

　　女工程师下岗了！这成了全厂的一个热门话题，人们纷纷议论着、嘀咕着。女工程师对人生的这一变故深怀怨恨。她愤怒过，她骂过，她也吵过，但都无济于事。因为下岗人员的数目还在不断增加，别的工程师也开始下岗了。然而，尽管如此，她的心里却仍不平衡，她始终觉得下岗是一件丢人的事。她的心态渐渐地由愤怒转化成了抱怨，又由抱怨转化成了内疚。她整天都闷闷不乐地待在家里，不愿出门见人，更没想到要重新开始自己的人生，孤独而忧郁的心态控制了她的一切，包括她的智商。她本来就血压高、身体弱，她忧郁的心态又总是把自己的注意力集中到下岗这件事上。她内心一直都在拒绝这一变故，但这一变故又实实在在地摆在了面前，她无法解脱。没过多久，她就带着忧郁的心态孤寂地离开了人世。

在同一批下岗的另一个普通女工，心态却大不一样，她很快就从下岗的阴影里解脱了出来。她想别人既然没有工作能生活下去，自己也肯定能生活下去。她还萌生了一个信念——一定要比以前活得更好！从此以后，她的内心没有了抱怨和焦虑，她平心静气地接受了现实。说来也怪，平心静气的心态让她变得聪明起来，她发现了自己以前从来没有认真注意过的长处，这就是她对烹调非常内行。就这样，在亲戚朋友的支持下，她开起了一家小小的火锅店。由于她发挥了自己的长处，她经营的火锅店生意十分红火，仅用了一年多的时间，她就还清了借款。现在她的火锅店的规模已扩大了几倍，成了当地小有名气的餐馆，她自己也确实过上了比在工厂上班时更好的生活。

女工程师的心态始终处在忧郁之中，这样的心态使得她对自己的人生不可能作出一个积极的评价，更不可能重新扬起生活的风帆。她完完全全沉溺在自己孤独怨愤的内心之中。一个人一旦拥有了这样的心态，其智商就犹如明亮的镜子被蒙上了一层厚厚的灰土，根本就不可能映照万物。所以，尽管女工程师的智商高，但在面对生活的变化之时，她的心态却阻碍了其智商的发挥。不仅如此，她的心态还把她的智商引向了负面，使她的智商在埋怨和忧郁的方向上发挥出了威力。换句话说，她的智商越高，她的报怨就越深，她的忧郁就越有分量。与之相反的是，普通女工的智商虽然一般，但她平和的心态不仅使自己的智商得到了淋漓尽致的发挥，而且还决定了其性质是正面的、积极的，所以，她获得了成功，过上了比以前更好的日子。

如同一枚硬币的两面，人生也有正面和背面。光明、希望、愉快、幸福……这是人生的正面；黑暗、绝望、忧愁、不幸……这是人生的背面。请问，你会选择哪一面呢？

有一位日本武士，名叫信长。有一次，在面对实力比他的军队强十倍的敌人时，他决心打胜这场硬仗，但其部下却表示怀疑。

信长在带队前进的途中让大家在一座神社前停下。他对部下说："让我们在神面前投硬币问卜。如果正面朝上，就表示我们会赢，否则就是输，我们就撤退。"部下赞同了信长的提议。

信长进入神社，默默祷告了一会儿，然后当着众人的面投下一枚硬币。大家都睁大了眼睛看——正面朝上！大家欢呼起来，人人充满勇气和信心，恨不能马上就投入战斗。

最后，他们大获全胜。

一位部下说："感谢神的帮助。"

信长说道："是你们自己打赢了战斗。"他拿出那枚问卜的硬币——硬币的两面都是正面！

这个故事告诉我们：你要想赢得人生，心态就不能总处在消极的状态，那只会使你沮丧、自卑，徒增烦恼，还会影响你的身心健康，结果，你的人生就可能被失败的阴影遮蔽了它本该有的光辉。

2

希望是生命的光亮

生命的美丽在于希望，

希望的美丽在于追求。

失败有时不是因为你的对手多么强大造成的，它产生的根源是因为我们自身信念的动摇，使你必胜的决心一点点地从你的心灵深处开始瓦解。因此，在尚未向对手挑战时，你就失败了，你没有败给别人，而是败给你自己。

败给别人，心态决定了你和成功的距离遥不可及。你总是以为对手强大无比，其实你是在自己人生的跑道上给自己设置了无形的障碍，直到自己被自己战败。这一切充满了人性的悲哀，所以，在人生的赛场上你必须从另外一个高度审视自己，把自己列为第一个对手，只有战胜自己，你才有可能成功，你才有望最先冲向胜利的顶峰！

希望是沉重的，然而这种沉重常常会激发出人的最大能量，成就一个人的光辉前程；梦想是轻松的，然而这种轻松往往能消解人们心中的重负，让生活的路充满欢愉。

不是所有的希望都能实现，生活的变数常常会将个人的执着击得粉碎，有心栽花花未必开。但不是所有的梦想都无法实现，造物主的神奇也常戏弄着我们这些凡夫俗子，无心插柳柳却成荫。

失去奉献的价值观不可取，失去人本性的快乐亦不可取。做梦的时候千万不可忘记自己脚下的路，为梦而驻足将失去做人的价值。为了希望奋斗的同时不妨做几个自由自在的梦，只要这梦可以给你带来轻松和快乐。

这个世界是人类的世界，人们把思想变成现实，这也就是希望的作用。希望并非是似有似无的，它是可以改变世界的，有希望才有未来。

没有追求就没有真正的人生，追求成功的过程就是最美的人生。无论从事何种职业，我们都不应为了金钱去牺牲生命中最高贵、最美丽的东西，我们应该利用种种机会，使"美"充实于我们的生命里。

一个爱美的人，他的生命中自然含有美好的成分。美好的思想与美好的观念，都会显露于一个人的言谈举止当中。爱美的人都是艺术家，使自己的家庭美满而甜蜜。无论人从事的是何种职业，爱美的习惯使人们不但能做个合格的工匠，还能做个出色的艺术家。

剑桥大学教授戴维·斯托特指出：完美的生命，一定是为爱美的习惯所点缀、所激发、所丰富的生命。不会享受自然美的人，在他的生命中就缺少了养成高贵人格的一大要素。爱美在任何人的生活中都占有很重要的地位，比如人的性格。

美的东西往往能激发人们心灵深处的一种力量，所以，美的东西能使人的头脑更为清新，使人的精力得以恢复和保持，并促进身体与精神的健康。对美的心灵感悟才是真正的生命药方，它可让盲人永远活在光明中。可悲可叹的是，我们许多健康人却一直生活在黑暗中——他们对身边的美熟视无睹！

两个盲人靠说书、弹三弦糊口，老者是师父，70多岁；幼者是徒弟，20岁不到。师父已经弹断了999根弦子，离1000根只差1根了。师父的师父临终的时候对师父说："我这里有一张复明的药方，我将它封进你的琴槽中，当你弹断第 1000 根琴弦的时候，你才可以取出药方。记住，你弹断每一根弦子时都必须是尽心尽力的，否则，再灵的药方也会失去效用。"那时，师父才是 20 岁的小青年，可如今他已皓发银须。50 多年来，他一直奔着那复明的梦想。他知道，那是一张祖传的秘方。

一声脆响，师父终于弹断了最后一根琴弦，直向城中的药铺赶去。当他满怀虔诚、满怀期待等着取草药时，掌柜的告诉他：那是一张白纸。他的头"嗡"地响了一下，平静下来以后，他明白了一切：他不是早就得到了那个药方吗？就是因为有这个药方，他才有了生存的勇气。他努力地说书弹弦，受人尊敬，他学会了爱与被爱。

回家后，他郑重地对小徒弟说："我这里有一个复明的药方。我将它封入你的琴槽，当你弹断第 1200 根弦的时候，你才能打开它。记住，必须用心去弹，师父将这个数错记为 1000 根了。"

小盲人虔诚地允诺着，老盲人心中暗想：也许他一生也弹不断 1200 根弦。

生命的美丽在于希望，希望的美丽在于追求。成功与否，不在于结果如何，追求成功的过程就是最美的人生。

3

不要为明天是否下雨而烦恼

做好今天的功课，

就是应对明天烦恼的最好法宝。

对于日子来说，昨天已经过去，明天是个未知数，只有今天才是实实在在属于自己的时光。因此，过好今天，才是最大的、最现实的收获。要过好今天，首先不要预支明天的烦恼，其次是要忘掉过去的烦恼。人生走过的路总是坎坷的，必然会有不少的失误和挫折。过去的烦恼，如果天天纠结在心头，就会让自己陷入无止境的烦恼之中，如李白所言："抽刀断水水更流，举杯消愁愁更愁。"把快活的日子挤进了死角，让往日的烦恼役使着自己，这也是很悲哀的啊！不要为已失去的不可挽回的事情而烦恼。过去的就让它过去，无论挫折和失败，无论怨恨和悲切，无论情殇和误解，都通通把它忘掉吧，腾出一片天地，让快活刷新今天的日子。

快活对于今天来说也是稍纵即逝的，因此，在每一个月落日出之时，就要牢牢地抓住快活并立即付诸行动，绝不能只把快活记在心上、挂在嘴上，而不落实到今天的全部过程中。要做到这样，一是要彻底转换观念，把自己的快活视为生活的主旋律；二是要把快活的心境寄托在现实的爱好上，如琴棋书画、养鸟垂钓、歌舞健身等，这样，快活就有了内容，有了依附，有了原动力，快活的音符才不会弱化；三是要有意识地发现快活，在日常生活或相互交往中，快活的机会是很多的，如在广场公园，看着喷泉，听着鸟语，欣赏着雕塑，呼吸着花香，快乐无穷，在家里，不妨进厨房听听锅碗瓢勺交响曲，快活不就油然而生了吗？

哈利伯顿说："怀着忧郁上床，就是背负着包袱睡觉。"许多人心中潜藏这一只名字叫作"烦恼"的小蚂蚁，常常放出来吃掉自己的难得的快乐。

丹麦有个民间故事，说的是一个铁匠，他家里非常贫困，于是铁匠经常担心："如果我病倒了不能工作怎么办？""如果我挣的钱不够花了怎么办？"结果一连串的担心像包袱般压得他喘不过气来，使他饭也吃不香，觉也睡不好，身体一天天地越来越弱。

有一天铁匠上街去买东西，突然摔倒在路旁，恰好有个医学博士路过。博士在询问了情况后十分同情他，就送给他一条金项链并对他说："不到万不得已的情况下，千万别卖掉它。"铁匠拿了这条金项链高兴地回家了。

从此之后，他经常地想着这条金项链，并自我安慰道："如果实在没有钱了，我就卖掉这条项链。"这样他白天踏实地工作，晚上安心地睡觉，逐渐地他又恢复了健康。后来他的小儿子已长大成人，铁匠家的经济也宽裕了。有一次他把那条金项链拿到首饰店里去估价，老板告诉他这条项链是假的，只值1元钱。铁匠这才恍然大悟："博士给我的不是条项链，而是治病的方法！"

从这则民间故事里，我们可以悟出这样一则道理，不要预支自己明天的烦恼，只需做好今天的功课，做好今天的功课，就是应对明天烦恼的最好法宝。特别是当我们把心头的那个沉重包袱放下时，那些令人不安的后果往往也难以发生。

4

你可以选择自己的幸运

幸运之神是公平的，

你只要选对了幸运的密码，

每个人都能成为永远幸运的那个人。

为什么有的人成功，有的人失败？为什么99％的人到了50岁还要为生活而奔波？工作几十年到最后还是什么都没有？是不是幸运的人总幸运，而倒霉的人就总倒霉呢？其实幸运的密码就在你的选择里。如果让你选择：A.今天一次给你100万元。B.每天给你一次连续30天，第一天1元，此后每天给你的是前一天的2倍。你会选择哪一个呢？相信很多人会选A，他们只能得到100万。而选B的人却能在第三十天拿到5亿元。只是一个简单的选择，会选和不会选的结果天差地别，选对了你就幸运，选错了你就只有自认倒霉。这不是你是否聪明、是否会算的问题，而是你是否有远见和只看眼前利益的问题。

人生是由无数的选择组成的，每做出一次正确的选择，你就向成功迈出一步；每做出一个错误的选择，你就多了一分失败的危险。就像火箭发射的过程，要让它进入正确的轨道，进入预定的目标位置，就需要不断地调整运行方向，一旦偏离正确的轨道就要及时作出判断选对方向，及时调整过来，否则就会脱离轨道，将无法控制，失败也就是必然的了。所以，看你是不是幸运，关键在于你的选择，你要时刻明白什么是你真正的需要，什么是你想要的结果，你的选择会带来什么结果，什么是你的幻想，什么是你要面对的现实。只有你知道你要什么，什么时候要，你才能在奋斗的过程中不断地调整你的方向，迈向成功！否则你就会失败。幸运之神是公平的，只要选对了幸运的密码，每个人都能成为永远幸运的那个人。

美国心理学家罗森塔尔教授在 1968 年做了一个实验：他和他的实验小组随机抽取了美国的一所普通学校，并在 6 个年级 18 个班级里进行了所谓的"潜力调查测验"，之后给该校老师提供了部分学生的名单，并告知他们名单中的学生潜力超出常人，要求老师们在不告知学生本人的情况下进行长期的观察。实际上，罗森塔尔教授在编写名单时只是随机抽取，也就是说名单和潜力高低并没有任何联系。

8 个月后他们发现，名单上的学生不但在学习成绩方面进步神速，在道德、人际关系及其他方面也都有突出的变化。罗森塔尔对此现象进行了分析，得出结论："潜力调查测验。"使教师对部分学生产生更高的期望，从而下意识地对学生作出积极意义的引导，学生收到这种下意识传递的信息后，自尊心和自信心等方面也得到了提升，进而开始重塑自我，最终符合了"潜力调查结果"。这就是著名的期望效应的典型试验。

用一句最通俗的话来解释这一效应，就是"说你行，你就行，不行也行"，反之亦然。这就是说，当人们相互交流的时候，一个人的感情和期望等行为会导致其寄予对象向相应的方向发生一系列变化。期望对人有深层次的指导作用，美好而积极的期望使人朝良性的方向发展，不当的期望则会让人的发展每况愈下。

那期望效应不就成了"点金石"了吗？也许你会觉得这样形容期望效

应有些夸大，事实上，心理学家的一系列研究与实验恰恰证明了期望效应有时就是能够"点石成金"，让"铁树开花"。

上面提到的实验效果对儿童如此，对于成人效果也会这样显著吗？成人的接受能力、知识程度都与儿童有很大区别，更重要的是成人往往已经形成稳定的人格，是否还会受到期望效应的影响呢？

20世纪70年代，电脑还没有像现在这样普及，仅仅有少数技术人员能够进行电脑操作。美国一个公司的高管在自己的公司进行了一项实验：他挑选了一个在公司担任清洁工的黑人，指出这个黑人有电脑方面的天赋，可以胜任电脑操作员的工作。结果，仅仅3个月的时间，这个黑人就成为公司最出色的电脑操作员之一。

关于期望效应的实验还有很多，这些实验都指向了同一个事实：一个人的能力、性格等因素，与周围环境和他人的期待，以及他对自己的期待有很大的关系。这也就是期望效应真正的力量，它神奇的力量背后是强烈的心理暗示在起作用：周围环境及他人和自我的期待会对个人的自我判断产生一定的影响，这种影响会转化为心理暗示，使一个人相信自己就是他人描述的形象，即为自己建立一个理想的行为模型，并逐渐向理想模型靠拢，进而使自己符合理想模型的形象。

5

只要努力过，不完美又如何

失去，本是一种痛苦，

但也是一种幸福，

因为失去的同时也在获得。

　　每个人几乎不可能做到完美，但是，人追求完美就有了目标。有了目标，人生就不再迷茫，可以朝着自己的理想而奋斗，虽然很难做到完美。或者说，这根本就不可能，但是，至少离完美不远了，真正的完美根本不存在。

　　虽然瑕疵与错误也是生活的组成部分，我们不能为了追求完美而忽视了我们眼前的生活。夸父追日，道渴而死；精卫填海，矢志不移；女娲炼石，力补苍穹。这种执着和顽强的精神，体现了生命的高贵，演绎了生命的壮丽和辉煌。追求完美，使人不再碌碌终生；追求完美，使人不再悔恨不已；追求完美，使人永垂千史；追求完美，使人达成人生目标。

　　人有悲欢离合，月有阴晴圆缺。我们虽然做不到完美，但我们可以追求完美，至少我们在向完美前进，在向完美挑战，至少我们进步了。生命的长短用时间计算，生命的价值用贡献计算。人生追求完美，定能做出一番不平凡的业绩，定能体现出生命的价值与意义。

　　人在世界上最大的敌人是自己，而人生中最难做到的事就是做到完美。可我们人类之所以不同于其他动物，就是因为我们有着这种坚忍不拔、执着和顽强的精神。我们或许不能做到完美，但我们可以追求完美，向完美更进一步。简单地说，就是我们人类的进步。

追求完美，是人类自身在逐渐成长过程中的一种心理特点或者说一种天性。如果人只满足于现状，而失去了这种追求，可能生活就没有那么多的精彩。我们对事物总要求尽善尽美，愿意付出很大的精力去把它做到天衣无缝的地步。

时间长了以后，就自然会形成这样一种情景：如果一件事情没有做到自己满意的地步，那么必定是吃不好也睡不好，总觉得心里有个疙瘩，很不舒服。什么事情都会有个度，就像水到了100℃就会沸腾，低于0℃就会结冰一样，追求完美超过了一定的度，就会变得不完美，所以我们实在没有必要刻意地去强求它。

俗话说"万事有得必有失"，得与失只在一瞬间。失去春天的葱绿，却能够迎来丰硕的金秋；失去青春岁月，却能使我们走进成熟的人生。失去，本是一种痛苦，但也是一种幸福，因为失去的同时也在获得。

人总有优点和缺点的，不要总拿自己的缺点和别人的优点比，那样总是自信不足，而且有的方面你已经相当不错了还自认为不够，自己给自己设限，在该大胆展示自己的时候也往后退缩，一次一次的机会就这样与自己失之交臂。有的人只是因为有勇气表现自己抢占了机会。

一次，一名将军观摩麾下军队的射击训练。当他看到士兵射击训练的状况后，曾经是神枪手的将军感到很不满意，说："来，我给你们示范一下。"

于是，他端起枪，稍加瞄准，一枪射出。"8环！"传来了报靶声。士兵们鸦雀无声。整个靶场的空气在瞬间似乎紧缩了一下，毕竟将军年事已高，偶尔一靶失常也是可以理解的。

将军不动声色，只是瞄得比第一次仔细了。"啪"的一枪射出。"8环！"

那边又传来了报靶声。士兵中已开始有人窃窃私语。

将军的第三枪、第四枪瞄得时间更长，遗憾的是接连传来的还是"8环"，士兵们开始骚动了。

第五枪，将军倾注了更多的时间。终于，他扣动了扳机。所有的人都屏住呼吸。"8环！——"

接下来的第六、第七、第八、第九、第十枪，将军打得更离谱，竟连续打出只有两环的成绩。

于是官兵们在惊讶的同时开始骚动不安，在议论纷纷之中各种风凉话也开始涌动起来，甚至可以隐隐听到讥笑声。将军依旧一言不发。

但就在这时，一名眼尖的士兵突然失声叫道："看呐，将军的靶眼连起来，不正是一个标准的正五角星吗？"许久，整个靶场终于爆发出了经久不息的掌声。

到今天，谁也不知道当将军第一枪放出去时，脑子里是不是想用与众不同的方式展示一下枪法，也许第一枪本身就是一次失误。但这一点也不重要。重要的是，将军在后面几枪彻底抛开了世俗打靶就要10环的标准和规则，最终的结果比10环更加精彩！

人的一生如同将军打靶一样。没有人能够在一生当中都按照设想中的目标行事，也没有人能够完全按照世俗的标准走对每一步，就像没有人能够一辈子每一次都能打中10环一样。多数的时候，人是在起起落落间实现自己完美的人生结局，生命是通过无数不完美的事件串成的。对于我们而言，重要的不是我们今天是不是打出了那个完美的10环，而是我们是否坚定信念，不轻易放弃，坚实而认真地走好我们的每一步，并以沉稳的心态不断修正我们自己的目标与自己所在的航道，随机应变，最终的结局或许就会给你一个意外的惊喜。

6

快乐与忧愁在乎一念之间

快乐的心理方程式就是思维转变，

换一种思维方式，

往往能使人豁然开朗，步入新境。

创造思维，其实就是一种与众不同的独辟蹊径的新思路。一条路走不顺畅，可以硬着头皮走下去，也可以放弃原路，另辟蹊径。有了这种思维的灵活性，视野就开阔了，生活就有了主动权，这就是快乐的方程式——思维转变。

在小山村里生活着四兄弟，他们的父母在很久以前的一场大火中离开了人世，现在他们四兄弟相依为命，大的那个男孩担负照顾三个小弟的责任。

一日，哥哥从城里回来，给三个弟弟带了三块糖。对于这三个不幸的孩子，这已经是很好的礼物了。看着弟弟们津津有味地吃着糖，哥哥忽然想到了个好主意。他唤来了三个弟弟，和蔼地对他们说："糖果甜吧？"弟弟们都不停地点头，对哥哥说："哥哥，你什么时候再给我们带糖呀？"哥哥说："只要你们天天都快乐，哥哥每天都给你们带糖吃。"可是，这些没爹没妈的孩子怎么才能天天都快乐呢？

哥哥每天在县城里帮城里的小商贩搬运货物，虽然他们都没给他什么好脸色，但他总是笑脸相迎。他不只是为了自己有碗饭吃，每当他想起家里的三个弟弟正在快乐地嬉戏，他就不由得露出甜蜜的微笑，肩上的重物也仿佛轻了很多。

三个弟弟虽然成天见不到哥哥，但无论是在河边嬉戏，还是在林间打闹，他们都时刻想念着哥哥，不只是想着哥哥带给他们糖吃，他们想着的是哥哥在城里的安危。

一日，哥哥从城里回来，弟弟们跟往常一样围到哥哥身边。但这次，哥哥并没有像往常一样给弟弟们每人一颗糖。弟弟们看着哥哥的颓丧，仿佛都明白了什么，哥哥的眼神仿佛也黯淡了很多。片刻沉静后，一个弟弟把拳头伸向了哥哥，张开拳头，里面是六颗保存完好的糖果，接着，三只小拳头伸向了哥哥，一颗颗糖果轻轻地落在了哥哥的手中。哥哥顿时惊呆了。哥哥搂住了三个弟弟，因为感动，哥哥不禁流下了热泪。

此后，哥哥跟往常一样每天给弟弟们带回三颗糖，但每天总有一个弟弟没有吃糖，哥哥每天都能吃上弟弟给他的一颗糖。三个弟弟虽然每天都有一个没有糖吃，但他们比以前更加快乐。

哲学家诺宾说，快乐的真谛其实也在于选择一种合理的思维方式。这位哲学家曾见过一块招牌："乐观者和悲观者之间的差别十分微妙，乐观者看到的是甜圈饼，悲观者看到的是甜圈饼中间的'洞'。"他认为，人们眼睛看到的往往并非事物的全貌，只看见自己想寻求的东西。乐观者和悲观者各自寻求的东西不同，因而对同样的事物就采取了两种不同的态度。

7

有什么样的心态，就会有什么样的生活

心态决定着你的生活。

有什么样的心态，

就会有什么样的生活。

很多成功人士从失败走向成功，从成功落入失败，一次又一次地坚持走到胜利的顶峰，其实就是因为有一个好心态，即健康的心态——宽容、大度、坚忍、乐观、坚持、希望！为此，他们才能够在悬崖边缘，甚至掉下悬崖后再一次在绝地反击而起。

一个农民，初中只读了两年，家里就没钱继续供他上学了。他辍学回家，帮父亲耕种三亩薄田。在他19岁时，父亲去世了，家庭的重担全部压在了他的肩上。他要照顾身体不好的母亲，还有一位瘫痪在床的祖母。

20世纪80年代初，农田承包到户。他把一块水洼地挖成池塘，想养鱼。但乡里的干部告诉他，水田不能养鱼，只能种庄稼，他只好又把池塘填平。这件事成了一个笑话，在别人眼里，他是一个想发财但又非常愚蠢的人。

听说养鸡能赚钱，他向亲戚借了500元钱，养起了鸡。但是，一场洪水后，鸡得了瘟疫，几天之内全部死光。500元钱对别人来说可能不算什么，对一个只靠三亩薄田生活的家庭而言，不啻天文数字。他的母亲受不了这个刺激，竟然忧愁而死。他后来酿过酒，捕过鱼，甚至还在石矿的悬崖上帮人打过炮眼，可都没有赚到钱。35岁的时候，他还没有娶上媳妇。因为他只有一间土屋，随时可能在一场大雨后倒塌。娶不上老婆的男人，在农村是没人看得起的。但他还想搏一搏，就四处借钱买了一台手扶拖拉机。不料，上路不到半个月，这台拖拉机就载着他冲入一条河里。他断了一条腿，成了瘸子。那拖拉机被人捞起来时，已经支离破碎了。他只得拆开它，当作废铁卖。几乎所有的人都说他这辈子完了。

但是，后来他却成了一家公司的老总，手中有两亿元的资产。现在，许多人都知道了他苦难的过去和富有传奇色彩的创业经历。许多媒体采访过他，许多报告文学描写过他。但很多人只记得这样一个情节——记者问他："在苦难的日子里，你凭什么一次又一次毫不退缩？"

他坐在宽大豪华的办公桌后面，喝完了手中的一杯水。然后，他把玻璃杯子握在手里，反问记者："如果我松手，这只杯子会怎样？"记者说："摔在地上，碎了。""那我们试试看。"他着手一松，杯子掉到地上发出清脆的声音，但并没有破碎，而是完好无损。他说："即使有10个人在场，他们都会认为这只杯子必碎无疑。但是，这只杯子不是普通的玻璃杯，而是用玻璃钢制作的。"

于是，记者记录了这段经典绝妙的对话。这样的人，即使只有一口气，他也会努力去拉住成功的手，除非上苍剥夺了他的生命。

故事很普通，但是为什么这个人最终能够成功？关键是坚持自己的梦想，永不放弃，永不言败！当然，心态在其中的作用是不可低估的，心态其实也可以在时光的磨炼中成熟，不一样的心态就会有不一样的人生。这绝对是一条颠扑不破的真理。

同样是在工作，为什么有些人得到重用赏识，芝麻开花节节高，有的人却郁郁不得志，始终原地踏步，停滞不前？这其中，心态起着主要的决定性作用。

很多企业员工，总是自觉不自觉地把自己归类或定位为打工一族，以打工仔自居。因此，无论做什么事情，总认为自己只不过是一个打工的，总认为自己是为老板打工的，是为老板出卖劳动力的，是为老板做嫁衣的，是被老板"压榨剥削"的，而不是为自己而工作的，不是为自己创造和提升价值的，不是为自己积累资历和财富的。在这样的心态和观念指引下，很多人得过且过，对工作不主动负责，不愿意多付出一点点。他们老担心自己只付出而得不到应有的回报，总觉得吃亏的是自己，总有一种受害感。这样的心态是非常消极和不利的。最终耽误和受害最深的还是自己，自己束缚了自己的发展和断送了自己的美好前程，结果，自己一辈子就永远是打工的。

事实上，在市场经济条件下，任何打工的人都有可能通过自己的努力奋斗来改变自己的命运和地位。看看今天处在老板位置上的人，他们绝大多数不都是从打工做起的吗？很多知名的原先不也是打工的吗？而要改变自己打工的命运，首先就要从改变自己的心态做起，要相信自己一定也可以有所作为、有所成就。

8

不试试，永远不知道下一刻会发生什么

幸福快乐不仅需要努力创造，
还需要你对生活抱有积极进取、
勇于尝试的态度。

勇敢地尝试就是跨出成功的第一步。每一个人都有能力实现自己的理想，我们都生活在希望之中，一旦旧的希望实现了，或破灭了，就应该让新希望的烈火熊熊燃起。如果一个人只是得过且过地过一天混一天，心中没有任何希望，只能说明他的生命实际上已经终止了。我们必须要学会尝试，不能退缩，不去尝试怎能知道你不行呢？

在烈日下，一群饥渴的鳄鱼身陷于水源快要枯竭的池塘中。面对这种情形，只有一只小鳄鱼起身离开了池塘，它尝试着去寻找新的生存的绿洲。池塘中的水愈来愈少，最强壮的鳄鱼开始不断地吞噬身边的同类，苟且幸存的鳄鱼看来是难逃被吞食的命运，然而却不见有鳄鱼离开。池塘似乎完全干涸了，唯一幸存的大鳄鱼也耐不住饥渴而死去了。然而，那只勇敢的小鳄鱼呢，它经过多天的跋涉，幸运的它竟然没死在半途中，而是在干涸的大地上找到了一处水草丰美的绿洲。

试想，如若不是小鳄鱼勇于尝试，寻求另一条生路，那它也难逃丧生池塘的厄运；其他的鳄鱼，如果它们不是安于现状，而是去勇于尝试，它们又怎么会落得身死干塘的可悲结局！由此可见，勇于尝试的精神多么重要！

综观古今，凡事业有成者，他们无不具有勇于尝试的精神。灯泡的发明者爱迪生为了找到一种合适的材料做灯丝，竟不屈不挠地进行了8000多次尝试。试验初期，他找了1600种耐热材料，反复试验了近2000次，结果发现只有白金较为合适，但白金比黄金还贵重些，这就是说实验失败了。面对这样的失败，一般的人肯定会选择放弃，然而他没有，而是继续尝试着从植物中发掘理想的灯丝材料，先后又尝试了6000多种植物。通过不断的尝试，爱迪生最终获得了巨大的成功，给人类带来了"光明"。

这"光明"，与其说是电之光，还不如说是勇于尝试的精神之光。其实，我们只要细细想想就会惊奇地发现，他所取得的1000多项成果中，竟没有哪一项不是不断尝试的结晶。"一次尝试，就有一次收获"，他的这句话正道出了他成功的秘诀。还有研制出雷管的诺贝尔、发现了雷电规律的罗蒙诺索夫、发明了第一次架飞机飞上了天空的莱特兄弟……他们所取得的一个个惊人的成就，又有哪一个不是尝试之花结出的硕果呢？在崇拜伟大人物的同时，我们是不是更应该崇拜造就伟大人物的勇于尝试的精神呢？

每个人都必须以积极的心态和态度去面对人生，假如石头砸了你的脚，你会觉得真倒霉、好疼，与其哀叹，不如换个心态："我真幸运，幸亏不是砸到我的头！"幸福快乐不仅需要努力创造，还有你对生活的态度。有时候你的心态能决定你的成败，人活在世上，应该有与命运较量的勇气，有创造事业的雄心，不要怨天尤人，调整一下自己的心态。如果你被生活压得喘不过气来，不喜欢缺乏信心的窝囊样子，不妨换个角度调整一下自己的心态，找回自己的自信心。人生有时候就像棒球比赛，每个人都可以是好的投手，球在你的手上，投出什么样的变化掌控在你的手上，只要你有坚韧的信心，胜利指日可待。千万不要自暴自弃，态度决定你的成败，如果你连你自己的这关都过不了，还能过了哪个关口？

⑨ 在生活的变迁中，活出年轻的心

生活中最不能缺少的就是一颗永远年轻的心，
最不能少的是活力。

生活就像一场戏，剧情总是跌宕起伏，时而艳阳高照，时而狂风暴雨，时而道路平坦，时而崎岖艰险。在你生命的日子里，不可能总是一帆风顺的。当你遇到困难、挫折的时候，你要直面人生，你要告诫自己，生活需要的是欢笑，而不是叹息，一切挫折、失败，都是对自己的一种考验——对自己的生命活力的考验。

生活赠予我们的，是许多实实在在的丰富意蕴，只要努力了，奋斗的过程远比成功更耐读、更灿烂、更富有激情。在痛苦中祈求被救，是懦弱者的表现，一味沉溺在昨天伤心的回忆里，生活将是苍白无力的。

人生漫漫，岁月匆匆，不过短短几十春秋。于沉思中追寻人生的真谛。人生究竟变成什么样才是完美结局？我们最渴望的是什么？最值得留恋的是什么？最珍贵的在哪里？最痛恨的又是谁？要知道人生如梦，去日苦多。在短短的人生之旅中，拥有并懂得珍惜，这就是快乐美丽的人生。

尽管生活会给人带来种种烦恼，但重要的是，我们要学会发现和欣赏生活中的美。只有经历过风雨的洗礼，生命才更美丽，才更能显示出它宝贵而华美的价值。

生活本身是很简单的，快乐也很简单，是人们自己把它们想得复杂了，或者人们自己太复杂了，所以往往感受不到简单的快乐。懂得从生活中找到乐趣，才不会觉得生命充满压力及忧虑。失落的时候，有一种良好的心态比什么都重要。不能调整心态，你永远都会有烦恼。

生活中最不能缺少的就是要有一颗永远年轻的心，最不能少的是活力。心若苍老，没有了活力，会对一切都无动于衷，面对眼前五颜六色的彩虹，面对诗意的花前月下，面对着无限的商机，也会熟视无睹、置若罔闻。

有这样一个传说：

有一对年轻夫妻，无意间得到了一瓶神水，据说每年喝上一小口，就会永葆青春。夫妻俩自然激动异常，回家后，小心翼翼地将那瓶神水放入柜中，只是远远地欣赏它，舍不得尝一小口。一年后，妻子生下了一个宝贝儿子，丈夫马上想到了神水，妻子正是需要它的时候啊！

由于喜悦，丈夫竟在慌乱中打翻了那瓶神水，随着瓶子的炸裂，神水迅速地满地四溢，消失得无影无踪。

"上帝啊！我怎么犯了这么个错误？真是不可饶恕啊！"丈夫万分懊恼。他想，此事千万不能告诉妻子，于是找到了一只同样的瓶子，装上了一瓶普通的水。

妻子喝下一口后，惊叹道："噢，简直太好了，我的心都年轻了10岁！"

此后的日子里，妻子开始有一些发胖，原来纤细的腰肢渐渐失去了曲线。但那时没有镜子，妻子一点也没察觉。那不能怪她，因为喝的并不是神水，丈夫心想。他时常赞美妻子："你还是像小姑娘一样年轻漂亮！"

妻子听了非常高兴："是吗，亲爱的？"随后，便像姑娘般红着脸亲吻丈夫。

一天，勤劳的丈夫病倒了。妻子马上想到了那瓶神水，她要用那瓶神奇之水去挽救丈夫，让他健康得像小伙子似的。也许是由于太关爱丈夫了吧，她在紧张中也打碎了那只神水瓶。

"糟糕！我太不小心了，怎么能出现如此严重的失误呢？这可关系到丈夫的生命和青春啊！"她显得非常沮丧，但不能告诉他，她在心里说，"让我说一次善意的谎言吧。"妻子找来一只一模一样的瓶子，迅速地装上普通的水，递到丈夫的嘴边："喝吧，喝了它，你的病就会好的，而且还会像小伙子一样年轻！"丈夫喝下一小口，他感觉好多了，并问妻子："你看我年轻了吗？"妻子当然回答："啊！简直太神奇了，你又变成了小伙子模样！"妻子虽然看见了丈夫鬓边的几根白发，依然由衷地赞美着。

丈夫为了让妻子高兴，也笑了起来，心情真的变得像年轻小伙一样。

日月如梭，几度春秋。寒来暑往中，几个孩子都长大了他们也成家了、生子了。虽然他们俩都知道对方变老了，脸上有了皱纹，白发早已替代了满头乌发，但他们都彼此隐瞒着，不把已苍老的信息传递给对方。

他们每日里仍然像年轻人一样欢笑、跳舞、歌唱，像年轻人一样精力充沛、健步如飞。一天，他们来到了一泓池水旁。水中的倒影是两位白发苍苍、脸如树皮的老者。两人不禁怔住，随即不约而同地哈哈大笑起来，互相倾诉了心中埋藏多年的秘密。

这时，神来了，告诉他们，如果想年轻，只要跳到水里泡一泡就行了。他们谢绝了神的好意，说："只要我们的心永远年轻就行了。"

是的，生活中最不能缺少的就是一颗永远年轻的心。如果能用积极的心态看世界，那么，你就会永远年轻，永远充满活力。所谓神水，就是那颗年轻的心。

第七章
真正的成熟，是学会和自己在一起

冰冻三尺的严冬，

唯有梅花独自绽放，这就是梅花的寂寞。

人生的道路上，不免也有这样寂寞的时刻。

此时，我们要傲然挺立，吐露芬芳，

只为了那踏雪而来寻香的曙光。

独处是人生中美好的体验

独处是人生中的美好时刻和美好体验，

虽然有些寂寞，

但寂寞中却又有一种充实。

人们往往把与人交往看作一种能力，却忽略了独处也是一种能力，并且在一定意义上是比交往更为重要的一种能力；反过来说，不擅长交际固然是一种遗憾，不耐孤独也未尝不是一种很严重的缺陷。

世上没有一个人能够忍受绝对的孤独，但是，绝对不能忍受孤独的人却是一个灵魂空虚的人。世上正是有这样的一些人，他们最怕的就是独处，让他们独自待一会儿，对于他们来说简直是一种酷刑。只要闲了下来，他们就必须找个地方去消遣，他们的日子表面上过得十分热闹，实际上他们的内心极其空虚，他们所做的一切都是为了想方设法避免独处。对此只能有一个解释，就是连他们自己也感觉到了自己的贫乏，和这样贫乏的自己待在一起是顶没有意思的，再无聊的消遣也比这有趣得多。这样做的结果使他们变得越来越贫乏，越来越没有了自己，形成了一个恶性循环。

独处也是一种能力，并非任何人任何时候都可具备的。具备这种能力并不意味着不再感到寂寞，而是在于安于寂寞并使之具有生机。人在寂寞中有三种状态。一是惶惶不安，茫无头绪，百事无心，一心逃出寂寞；二是渐渐习惯于寂寞，安下心来，建立起有条理的生活，用读书、写作或别的事务来驱逐寂寞；三是将寂寞本身变成一片诗意的土壤，当成一种创造的契机，诱发出关于存在、生命、自我的深邃思考和体验。

独处是人生中的美好时刻和美好体验，虽然有些寂寞，但寂寞中却又有一种充实。独处是灵魂生长的必要空间，在独处时，我们从烦琐的事务中抽身出来，回归了自我。这时候，我们独自面对自己，开始了与自己的心灵以及与宇宙中的神秘力量的对话，一切严格意义上的灵魂生活都是在独处时展开的。和别人一起谈古说今、引经据典，那是闲聊和讨论，唯有自己沉浸于古往今来大师们的杰作之时，才会有真正的心灵感悟；和别人一起游山玩水，那只是旅游，唯有自己独自面对苍茫的群山和浩渺的大海之时，才会真正感受到与大自然的沟通。

从心理学的观点看，人之所以需要独处，是为了进行内在的整合，所谓整合，就是把新的经验放到内在记忆中的某个恰当的位置上。唯有经过这一整合的过程，外来的印象才能被自我所消化，自我也才能成为一个既独立又生长着的系统，所以，有无独处的能力，关系到一个人能否真正形成一个相对自足的内心世界，而这又会进而影响到他与外部世界的关系。

怎么判断一个人究竟有没有他的"自我"呢？有一个可靠的检验方法，就是看他能不能独处。当你自己一个人待着时，你是感到百无聊赖，难以忍受呢，还是感到一种宁静、充实和满足？

对于独处的爱好与一个人的性格完全无关。爱好独处的人同样可能是一个性格活泼、喜欢朋友的人，只是无论他多么乐于与别人交往，独处始终是他生活中的必需。在他看来，一种缺乏交往的生活当然是一种缺陷，一种缺乏独处的生活则简直是一种灾难了。

心灵有家，生命才有路。学会和大自然独处，和生命独处，和自己独处。学会独处的人，心智才能够成熟；学会独处的人，心胸才能够豁达；

学会独处的人，才能领悟到生活的深邃。人的内心是在独处中坚强起来的，只有学会把孤独的时刻安排得井井有条、津津有味，任何外界事物都难以左右你。独处让你更了解自己的需要，独处让你更清楚自己的价值，独处帮助你用旁观者的眼光看待自己的故事，独处让你更快乐、更加珍惜友谊，独处让你在安静中体味生活。在人生路上，很多时候是要一个人走的，有时是自愿，有时是无奈，但无论如何，学会独处都可以让你在最短的时间内找到生活的乐趣。

2

你会独处吗

不擅长交际固然是一种遗憾，

不耐孤独却未尝不是一种缺陷。

学会独处，是个体从繁杂的外部环境、从纷扰的事务中抽身而出，回归自我的情态；学会独处，是个体凝视自己的内心，聆听自己的声音，寻求自己的心思、意念，袒露自己心迹的状态；学会独处，是个体正视自我，不逃避、不急躁，平和地体验与理解自我的心态。

当个体独处时，视线中的人与物都会成为他心灵中的一道风景，上面刻着他的名字，他会温情脉脉地与之对话，看它呈现，听它诉说，仿佛是人生的一个知己，有无尽的话语可以娓娓道出，有无穷的情谊可以絮絮说来。当个体独处时，他会倾听自我内心的声音，他会与自己对话，心底浮起的声音如同晨曦中的微光，虽力度不大，却丝丝入扣，紧贴自己的情感与思想。被这股柔软细致的声音光顾之后，个体将变得温柔、细腻，会想起以往沉睡的人事，记忆起生活里的细节点滴。还会往深处回顾自己的经历，反思自己的历程，然后张开双臂，拥抱自己不远处的未来。独处至极，还会感悟着自己人生的过去、现在与未来。"我是谁？从哪里来？到哪儿去？"会以哲学的命题叩问自己的灵魂，让心灵尝试着回答，获得生命的信息。

一个经常独处的人，其内心必不贫乏。他对生活的感受与体验会过于不常独处者，独处中所累积的自我意识会在言语中释放，说话、写作均列其中。很多人话语贫瘠，文字苍白，多半与不会独处有关。独处的奥秘就在于让人直逼自我，以自我审视的方式认识自己、呈现自己，以独立、完整的个性融入大千世界、芸芸众生中，你就不容易迷失自我，因为你拥有自我在先。

我们须学会独处，独处是一种心态，自己要面对自己，不依赖别人，需坦然、需探索，需思想、需劳作，而这一切都是为挑战自我所做的准备。认识自我，清楚自我，这一切结果都只为超越自我、尊重自我、调整自我。独处是一种享受、一种境界、一种超脱，这一切都决定人是否能够发现自己就是一个奇妙的世界，会为找到自己而激动万分。在独处中，我们不企求别人来做我们的救世主，在独处中，我们将抛却纵欲与羁绊。于是，我们强大，我们坚硬，我们成熟，我们岿然不动地获得了韧性与力量，再也不用害怕风的洗礼、雨的侵袭。

人们往往把交往看作一种能力，却忽略了独处也是一种能力，并且在一定意义上是比交往更为重要的一种能力；反过来说，不擅长交际固然是一种遗憾，不耐孤独却未尝不是一种缺陷。一个人不仅要学会在生活当中独处，还须学会在个人情感上的独处。只有独处，才能脱离依赖；只有独处，我们的依赖心理才会越来越小。

孤独是什么

孤独更像一杯冰水，

在凉爽与清冷之间彰显自己的纯洁，

这是一种清净幽雅的美。

在人海浮沉之余，我们要为自己留一段空白，留一段云淡风轻的孤独。孤独是一种幸福，是一种享受，更是一种绝美的心境。

孤独是什么？有人说孤独是一种感觉、一种情绪；有人说孤独是一种个性的浓缩、一种寂寞的悲哀，是一种欲盖弥彰的表现；也有人说孤独是一种心境。整天为世间的得失忙忙碌碌的人，根本不会体验到人生还会有一种东西叫孤独；深陷于浮躁和焦虑中的人，是无法体会到孤独所拥有的那独特的滋味。只有平和而心静的人，才能体会到孤独是一种难得的心境。

孤独是一种乐趣，一种不同于与朋友谈笑的乐趣，一种无法向他人解释的乐趣。当你感到孤独的时候，你可以随心所欲，也不必顾虑他人的眼色。这份自在，足以令身心彻底放松，感受这份自在，便是孤独的一大乐趣。

当孤独来临的时候，冲一杯浓浓的咖啡，顿时，扑鼻而来的醇香味道将你陶醉，静静地坐在沙发上，耳边响起ＣＤ机里传来轻柔的音乐，轻轻地闭上眼睛，将头懒懒地仰在沙发背上。思绪中，出现了那令人神往的传说中的香格里拉美丽的场景。此刻，你真正地享受了这份宁静，生命此刻暂时停止了，忘记了忧愁与烦恼，忘记了名利与仕途，更忘记了耳边还飘荡着柔美的音乐。

看着夜色中的一切，借助城市璀璨的灯光反射进房间里的光亮，享受着这份宁静的孤独。打开封闭的窗户，使封闭的自己放飞发霉的积郁，任思绪敲打瘀血的关节，让生命流动着青春的气息，让漠然的心灵生出几许怀旧的温暖，点燃林林总总的情感。我们的社会需要这样一份宁静。不再为生活中尔虞我诈的争斗而烦恼，不再为日常生活的压抑而苦闷，寻找适合调整心情的方式，让心情在孤独中拥有一份独特的享受。

孤独更像一杯冰水，在凉爽与清冷之间彰显自己的纯洁，没有杂质，没有污染，是一种清净幽雅的美。当沉寂于孤独中的时候，没有了喧闹的杂乱，没有人来打扰你的思绪，也不会因冲动而留下遗憾和后悔；沉寂在孤独中，能让人平和、冷静、思考和稳重，让人有耐心，从而产生出一种超越世俗之感，并聆听心语，感受这不易察觉的美。做自己喜欢做的事情，譬如轻吟一首诗，和古圣共同抒发诗情画意，或欣赏一篇名人佳作，与小说中的人物共同经历喜怒哀乐，聆听一些古典音乐，陶冶自己的情操，也可以实践探索，总结生活中的一点一滴，有着超乎常人的稳重和耐心。

孤独的时间是珍贵的，孤独的方式是各种各样的，体会孤独就需要因人而异，快乐的孤独感觉是被动的，不会白白地送给你，需要你去争取、去领悟，懂得领悟孤独的人就会体味到人生中独特的景致。

孤独的最高境界莫过于在孤独中创造。多一份孤独的快乐，少一份无谓的浪费，让生命在具有创造精神的孤独中度过，让生命时光的每一分、每一秒不至于虚度。在孤独中拥有了自己的一切，你会觉得你一点也不孤独，于是，你就会明白，能够真正拥有孤独的人是世界上最幸福的人。

有的人面对孤独常常表现得不知所措，本能地去求助友谊，梦想爱情，渴望自己的手被另一双手紧握，期盼灿烂的笑容充实荒漠的心域。其实人在孤独的时候，总是在怀旧中感受和品味曾经的生活。在这个时候，总是会想起曾经的故事，心情也就随之降到了冰点，悲伤的、挥不去的记忆就填满了心底，于是，悲哀着自己的悲哀，感伤的情怀就扩展开来，在这个时候找一个不受外界干扰的空间，只有自己面对自己，敞开自己心灵深处的角落，于是，慢慢地去想，想一个结果。

孤独的人并不是不被别人接受和理解的，也不代表生活会落寞。孤独中的人可以寻找到最初想要的本真，可以感受自己的坚定信仰。也可以感受人生的悲喜与无奈，也可以知道怎样去切换生活的态度。让你的心灵小憩在孤独小舟之中，享受一回孤独，品味一次孤独。别害怕孤独淹没了你，因为孤独不是河，它是你的空间，你可以在那里找回很多久违了的感受，也可以在那里找到你心灵出发的新起点，找回你生命中最想要的东西。

孤独的乐趣并非人人都能享受。这能力是受之于先天，或是靠后天习得的。孤独能让一个人脆弱，也能让一个人坚强；它可以毁灭一个人，也可以造就一个人。有的人尽管天赋极高，才华横溢，却不能面对孤独的生活，因此，他只能在空虚中逐渐消沉，在寂寞中走向死亡。耐得住孤独的人大都胸怀大志，意志坚定者，他们把孤独当作一种考验和挑战，顽强地与人生际遇抗争，默默地进行艰苦的创造性劳动，这样，终究会有所建树的。

4

别害怕寂寞，它不可怕

寂寞是心灵的避难所，

会给你足够的时间去舔舐伤口，

重新以明朗的笑容直面人生。

西方有位哲人在总结自己一生时说过这样的话："在我整整 75 年的生命中，我没有过 4 个星期以上真正的安宁日子。这一生是一块必须时常推上去又不断滚下来的岩石。"所以，追求宁静，或者是追求寂寞对许多人来说成了一个梦想。由此看来，寂寞并不是每个人都能享受的。

可是，现实生活中，许多人害怕寂寞，时时借热闹来躲避寂寞，麻痹自己。滚滚红尘中，已经很少有人能够固守一方清静、独享一分寂寞了，更多的人脚步匆匆，奔向人声鼎沸的地方。殊不知，热闹之后的寂寞更加寂寞。我辈如能在热闹中独饮那杯寂寞的清茶，也不失为人生的另类选择，但是，寂寞并不是每个人都会享受的。

寂寞是心灵的避难所，会给你足够的时间去舔舐伤口，重新以明朗的笑容直面人生。对未来进行抗争的人，才会有面对寂寞的勇气；在昔日拥有辉煌的人，才有不甘寂寞的感受。为了收获而不惜辛勤耕耘、流血流汗的人，才有资格和能力享受寂寞。

寂寞是一种难得的感受，只有在拥有寂寞时，你才能静下心来悉心梳理自己烦乱的思绪；只有在享受寂寞时，你才能让自己成熟。不在寂寞中死去，就在寂寞中升华。

许多人把失意、伤感、无为、消极等与寂寞连在一起，认为将自己封闭起来就是寂寞，其实这是一种误解。倘使这样去生活，不仅限制生命的成长，还会与现实产生隔阂，这样的人只是在逃避生活。懂得了寂寞，便能从容地面对阳光，将自己化作一杯清茗，在轻啜深酌中渐渐明白，不是所有的生长都能成熟，不是所有的欢歌都是幸福，不是所有的故事都会真实，有时，平淡是穿越灿烂而抵达美丽的一种高度、一种境界。

在很多人的想象中，喜欢独处的人，一定是一个孤傲的，或者是一个漠然的人。殊不知，没有一份执着，没有一份坚韧，没有一份平和，是断断无法承受那样的寂寥落寞的。独处的人，仿佛就是清晨静静开放的白色曼陀罗，傲然孑立。

几乎每个人总是对独处怀着天生的恐惧，几乎都是哪里人多就往哪里挤。偶然的独处，也是在被挤得喘不过气来之后所做出的暂时躲避。他们会听着音乐，喝着红酒，想着自己的恋人，过足一番小资的瘾，但不用多长时间，他们又将回到人群中，回到他们固有的生活模式上去，因为，他们无法忍受长时间独处的清淡和寂寞。

欣赏自己、肯定自己，从容而自信，不正是健康积极的心态吗？如果我们成功，我们要为自己喝彩；如果我们经历了挫折，我们要为自己鼓劲。每度过一段时间，每经历一些事情，我们都要重新审视和反省自己，并找到让自我重新坚强起来的理由。这个世界的任何异样目光对我们来说并不重要，他人的褒贬评价也不能左右我们的思想，即使是前进路上风雪交加，跋山涉水，我们也慨然前行。

尘世间的人有许多种，美的形式也是千姿百态，但只有适合自己的才是最好的。既然独处，就要面对寂寥和落寞；既然享受清雅和自由，就要承受孤独和寂寞。一曲音乐、一段文字、一份心绪，抑或是淅淅沥沥的雨声，都能让我们感动。人们总是渴望不断地征服，征服某个人，征服某件事，甚至征服整个世界。为什么就不能用自己的心，去感动一些人，感动一些事，感动整个世界呢？假若说有一天，有一双征服的眼睛挑战着我们，那我们一定会告诉对方："你别企图征服我，只要让我们感动，就已经打开了我们的心扉。"

当寂寞来临时，轻轻合上门窗，隔去外面喧嚣的世界，默默独坐灯下，平静地等待身体与心灵的合一，让自己在寂寞中净化思想。这样，一度被驱远的宁静会重新回归。你静静地用自己的理解去解读人世间风起云涌的内容，思考人生历程中的痛苦和欢悦。当你真实地领略了人生的丰富与美好，生命的宏伟和阔大，让身心平直地矗立在生活的急流中，不因贪图而倾斜，不因喜乐而忘形，不因危难而逃避，你就读懂了寂寞，理解了寂寞。于是，寂寞不再是寂寞，寂寞成了一首诗，成了一道风景，成了一曲美妙的音乐。于是寂寞成了享受，使我们终于获得了人生的宁静。这是寂寞的净化，它让人感动，让人真实而又美丽。

寂寞是一种心境，氤氲出一种清幽与秀逸，袅袅上升的思绪逃离了城市的喧嚣，获得心灵的愉悦，获得理性的沉思，与潜藏在灵魂深层的思想交流，找到某种攀升的信念，去换取内心的宁静、博大致远的境界。

5

用足够的耐心去等待

铁树沉寂 60 年方开一次花，

昙花积聚一个花期只为数小时的盛放。

寂寞，从来就是人们谈论的话题。因为太多的人品尝过它的滋味，所以古往今来，有多少文人墨客发过牢骚，斥责寂寞对他们的骚扰，又有多少世间人不甘寂寞的折磨而书写人生的败笔。

人们为何不甘寂寞呢？答案是心无定力！拒绝繁华喧闹的诱惑，接受寂寞的洗礼，需要造诣很高的定力。这像极了爱抽烟的人，突然叫他戒烟，需要一定的毅力，也需要恒心，没有定力能行吗？

为了摆脱红尘的喧哗浮躁，一个年轻人决定剃度为僧。剃度时，他信誓旦旦地向住持表示自己要皈依佛门，但才念了不到一个月的佛经就受不了寺院的寂寞，还俗去了。一个月后，他一把鼻涕一把泪地要求重入佛祖门下。住持心生慈悲，就答应了。三个月后，他又嚷嚷说佛门冷清留不住人，又一次开溜。

年轻人如此闹腾了好几次，住持很是纠结，留与不留都是烦恼。后来，他想出了一条妙计，对年轻人说："这样好了，你不如在寺院门口开个茶馆，做个不染红尘的还俗和尚。"年轻人听了很是高兴，真的在寺院门口开了个茶馆，后来又讨了个老婆，开开心心地过活起来。当然，他也没领悟到佛门真经。

这个年轻人总是被红尘的繁华诱惑着，不甘寺院寂寞的折磨，内心如此没有定力，怎能领悟佛道的深奥？住持也实在是高明，像这种不甘寂寞、心无定力的人也只能安排他做一些力所能及的事情。

在红尘喧嚣、人海浮沉之余，我们要想让心灵趋于宁静，让浮华归于沉寂，就要甘于寂寞。寂寞，是思想上的考验，是精神上的历练。静中念虑澄澈，见心之真体；闲中气象从容，识心之真机。

铁树沉寂60年方开一次花，昙花积聚一个花期只为数小时的盛放。人的一生之中，真正五彩绚烂的场面是短暂的，更多时候面对的都是平凡普通的生活，但是，经受得住寂寞的考验，才会有成功时刻的绚烂。

下面，我们不妨来看一堂成功者的演讲课。

这是一场座无虚席的演说，在人们热切、焦急的等待中，全国著名的推销大师上场了，这是他告别职业生涯的演说。只见他指挥着工作人员搭起了一座高大的铁架，铁架上吊着一个巨大的铁球，接下来又让工作人员将一个大铁锤放在自己面前。

看到这怪异的一幕，人们很惊奇，不知道他要做什么。

这时，推销大师对听众说："请两位身体强壮的人到台上来，用这个大铁锤去敲打那个吊着的铁球，直到把它荡起来。"很快，有两个年轻人上了台，他们用尽全力去敲打那个铁球，累得气喘吁吁，但是铁球纹丝不动。

台下听众的呐喊声渐渐沉寂下去了，他们好像认定这样的敲打是无用的，就等着推销大师来解惑。这时，推销大师拿出一个小锤，对着那个巨大的铁球认真地敲了一下，停顿片刻再敲一下，这样持续地敲着。

时间一分一秒地过去，10分钟、20分钟……这样单调的敲击声令人们开始骚动起来。他们希望大师说点儿什么，便用各种方式来发泄自己的不满，但是推销大师好像根本没有听见人们在喊叫什么，仍然一小锤一小锤不停地敲着，人们开始离去，最后只有少数几个人留了下来。后来留下的人们也喊累了，会场又安静了，只能听到"铛铛"、"铛铛"的敲击声。又一个20分钟过去了，突然前排的一个人尖叫道："球动了！"

　　霎时间，人们聚精会神地看着那个铁球。那个巨大的铁球以很难察觉的幅度摆动着，而推销大师仍在继续敲着。终于，铁球在一锤一锤的敲打中越荡越高，它拉动着那个铁架子"哐哐"作响，在场的每一个人都震撼了。

　　一阵阵热烈的掌声爆发出来，推销大师收起小锤说了一句话："你们都想知道我成功的经验，今天我告诉你们——在成功的道路上，要有足够的耐心去忍受寂寞，等待成功的到来，否则你就只能面对失败。"

　　在这场别致的演讲中，推销大师为我们上了生动的一课。静下心来，隔绝纷繁，承受寂寞的考验，我们的心灵会沉静似浩渺的水域，我们会变得更加沉稳、睿智，进而获得人生珍贵的宁静。

　　坚守寂寞不是因为懦弱而躲藏，更不是因为害怕而放弃，而是不被喧嚣俗物所污浊的单纯，更是一种不动声色的蓄势待发。正如猛兽在捕猎之前都要静悄悄地占据一个有利地形，然后耐心地等待最合适的时机，一蹴而就。

　　你看，飞舞的蝴蝶是美丽的，那种美丽是因为厚厚茧壳中的蛹，曾经在黑暗与无助的寂寞中默默地等待、挣扎，才为自己迎来了这份自由灿烂的美丽；鲜艳的花朵是美丽的，那是因为泥土中的种子在寂寞的时光中悄然地舒展着生命，等待着温柔的春风与细雨，使它有了重生的希望。

　　翻看那些名人的成功史，我们也会发现"古来圣贤皆寂寞"。试想，如果没有不被重用、被贬流放的寂寞，屈原能完成千古绝唱《离骚》吗？如果没有壮志难酬、避世隐居的寂寞，陶渊明能创造"采菊东篱下，悠然见南山"的静谧吗？

留一段云淡风轻的寂寞，不被喧嚣的俗物所污浊，让人生少些浮躁和媚俗，多些平静和安详，始终保持积极向上的心态，"十年面壁"、"十年磨一剑"、"十年寒窗"的最后结果应该是"大彻大悟"，是"剑一出鞘，谁与争锋"，是"一举成名天下知"。

寂寞让浮华归于沉寂，它是一种远离喧嚣、超凡脱俗的美丽，需要极大的智慧和定力。如果你是男人，就应是一座山，一座甘于寂寞而又伟岸的山；如果你是女人，就应是一条河，一条甘于寂寞而又温柔的河。

冰雪掩梅梅自香，何恐寂寞，终归会有人寻芳而至，而没有底蕴的人，再如何聒噪喧哗，也不会有人问津。做甘于寂寞散发梅香的人，还是做聒噪喧哗、一无是处的人，这左右着你将来的命运，你作好选择了吗？

6

优秀的人，总有沉默的时光

处于人生的低谷时期，寂寞最难耐。

用坚持和信念去对抗寂寞，

寒冰终能化作春水。

人类的卓越成就离不开孤独和寂寞的淬炼。即使是平凡的你，只要能够耐得住寂寞，在寂寞中不断地奋斗，终有一天，你也会发出属于自己的光芒。

因为出生时恰逢8年抗战胜利之时，所以父亲就给他取名凌解放，谐音"临解放"，寓意期盼全国能够早日解放。果然，没几年全国就迎来了期盼已久的解放。

高中毕业后，凌解放参军入伍，成为一名支援国家建设的工程兵，驻守在山西。那个时候，他的工作就是头上戴着矿工帽，脚上穿着长筒水靴，腰里再系一根绳子，每天下到数百米深的井下去挖煤。凌解放每天在矿井里摸爬滚打，抬头不见天日，他忽然感到一种前所未有的悲凉。

他不甘心就这样稀里糊涂过一辈子，每天浑浑噩噩，于是在每次收工后，他就一头扎进了团部图书馆学习文化。刚开始不知道怎么学，他就一本一本地仔细阅读，就连晦涩难懂的大词典《辞海》都从头到尾啃了一遍。其实，关于自己将来想做什么、要做什么，他自己也不明白。他只是明白如果自己现在不努力学习，将来一定会后悔。只要自己肯下功夫、努力学习，就一定可以为自己找到一条成功的道路，改变自己的一生，否则这辈子难有出头之日。

就是靠着这样的毅力，他独自一人度过了无数个不眠之夜，硬是坚持了下来。看的书多了之后，他发现自己十分喜欢与古文有关的文献和书籍，于是他就想方设法为自己找一些这方面的书籍阅读。

有一次，他无意间发现在部队驻地附近有很多古老的破庙残碑，上面有很多文字。于是，他就利用休息时间把镌刻在碑石上的古文全部抄写下来，然后带回去潜心钻研。要知道，这些碑石上镌刻的文字既无标点符号也没有注释，而且在书本上没有任何记载，要想理解其含义全凭他自己下苦功夫细琢磨才行。就这样，利用仅有的几本词典，他硬是将所有石碑上镌刻的古文全部都吃透了，在不知不觉中打下了扎实的古文学基础。即使像《古文观止》一类的深奥的古文献，他读起来也已经十分轻松。等他从部队里退伍时，他已经将团部图书馆的书全部读完了，这种学习为他日后的文学事业打下了坚实基础。

转业到地方后，他没有懈怠，依然坚持在部队时的刻苦好学，特别是对古文献的阅读面开始不断扩展。由于他对《红楼梦》有很深的研究，而且见解独到，古文学功底深厚，因此被吸收为全国红学会会员。1982年，他曾受邀参加了一次"红学"研讨会，加强交流。在研讨会上，各地的红学专家们从《红楼梦》谈到作者曹雪芹，又谈到曹雪芹的祖父曹寅，进而再聊到康熙皇帝的生平事迹。这时有很多红学专家感叹，在国内还没有一本专门详细介绍康熙皇帝生平的文学作品，实在是太遗憾了。这时，凌解放的脑海中突然间冒出"既然还没有人写，那我就写一本吧"的念头。

因为有着在部队自学时所打下的扎实的古文功底，所以在阅读关于康熙皇帝第一手的史学资料时，他几乎没费吹灰之力。经过几年的研究和不间断的努力写作，在1986年，凌解放以"二月河"的笔名出版了自己的第一部长篇小说——《康熙大帝》。从此，他心中的创作热情被彻底激发，就如同是迎春解冻的二月河，将他的人生谱写成一条激情澎湃、奔流不息的河流。

在人生的低谷中，保持一份孤独和寂寞就是在默默地为自己积储力量，在深渊中的潜龙必定是孤独、寂寞的，只有这样，才能渐渐地壮大自己。低谷中的寂寞是一种坚持、一种信念、一种暗藏的蓬勃向上的潜力。

耐得住寂寞，守得住繁华

只有能够耐得住寂寞，

才能守得住繁华。

岁月静好，安守寂寞。

也许，很少有人能具体地说清寂寞到底是什么，但它却从来不曾消失过，反而如影随形，存在于每个人的心中。

有时，寂寞是一种考验。是否耐得住寂寞，是对坚守的考验：有的人能够守住精神的底线，有的人却沦丧了道德；同时，寂寞也是对修炼的考验：有的人面对诱惑能从容镇定，能够参悟人生的真谛，有的人却被生活所控，跌到地狱的深渊。

守得住寂寞不一定都能通向成功，但所有的成功必来自与寂寞奋争的过程。可以说，耐得住寂寞是生命真正成熟的重要标志之一，因为这需要一种对人生高尚的信念、对梦想强烈的追求，以及坚韧的持守力和意志力。唯有此，人生方有所成。

李时珍的家族世代行医，世代长者都是远近闻名的"铃医"。李时珍的父亲李言闻是当地的名医。在当时社会中，民间医生的地位很低，李家常受官绅的欺侮，因此，李言闻决定让二儿子李时珍读书应考，以期一朝功成，出人头地。

李时珍自小体弱多病，然而性格刚直纯真，对空洞乏味的八股文不屑一顾。自他14岁中了秀才后，又3次到武昌考举人，均名落孙山。于是，他放弃了科举做官的打算，专心学医，并向父亲表明决心："身如逆流船，心比铁石坚。望父全儿志，至死不怕难。"

李言闻被儿子的真诚所打动，终于同意了李时珍的要求，并精心对其加以辅导。在父亲的启示下，李时珍认识到，"读万卷书"固然重要，但"行万里路"更不可少。于是，他穿上草鞋，背起药筐，在徒弟庞宪、儿子李建元的伴随下远涉深山旷野，足迹遍及河南、河北、江苏、安徽、江西、湖北等广大地区，以及牛首山、摄山（古称摄山，今栖霞山）、茅山、太和山等名山大川。

他深入实地进行调查，遍访名医宿儒。每到一地，他就虚心向各种人物请教，其中不乏采药的、种田的、捕鱼的、砍柴的、打猎的。其中，连《神农本草经》都说不明白的"芸苔"就是在一位种菜老者的指点下经过察看实物而得知的。芸苔实际上就是油菜，头一年下种，第二年开花，种子可以榨油，于是，这种药物便在他的《本草纲目》中一清二楚地表述出来。

如此种种，李时珍既"搜罗百氏"，又"采访四方"，搜求民间验方，观察并收集药物标本。经过长期的实地调查，他搞清了许多药物存在的疑难问题，终于在明万历戊寅年（1578年）完成了《本草纲目》的编写工作。

全书约有190万字，52卷，载药1892种，较前代药书新增药物374种，载方10000多个，附图1000多幅，成了我国药物学的空前巨著。其中纠正前人错误之处甚多，在动植物分类学等许多方面有突出成就，并对其他有关学科（生物学、化学、矿物学、地质学、天文学等）也做出不小的贡献。达尔文称赞它是"中国古代的百科全书"。

由此可见，寂寞不是百无聊赖、无所事事，也不是散淡与停滞，更不是所谓的孤独或寂灭。真正的寂寞是一种不凑热闹、不赶时髦、不追风潮的生活境况和生存方式。只有沉得住气的人，才能收获冷静和智慧，不为浮躁世俗所左右，在充足的思考空间中沉淀、积蓄之而后的厚积薄发。

人生不需要急于去发布任何宣言，关键是要诚实而又慷慨地抛洒汗水。特别是在世人与环境对自己不理解的情况下尚能保持住一颗沉稳而平和的心，这便是甘于寂寞的超凡风度。"十年寒窗无人问，一举成名天下知"，这句话正是表现了寂寞与成功的关系。但凡最终抵达成功彼岸的人，大都因为他们能够在无人问津的寂寞中坚守着自己心中的梦想。

相比于家喻户晓的名作《围城》，钱锺书先生的《管锥编》似乎并没有引起十分热烈的关注，更值得我们注意的是，《管锥编》的写作环境正好恰切地反映了钱老为人淡泊、甘于寂寞、勤勉治学的品格。

《管锥编》是一部体大思精、享誉世界的笔记体学术巨著。在本书中，钱先生对《周易》、《毛诗》、《左传》、《史记》、《太平广记》、《老子》、《列子》、《焦氏易林》、《楚辞》，以及全上古三代、秦汉三国六朝文等古代典籍进行了详尽而缜密的考疏，范围由先秦迄于唐前，涉及音韵、训诂、经义、比较文化等多门学科。

从1969~1972年，整整3年的时间里，钱锺书老先生不以物喜，不以己悲，他默默无闻地辛勤耕耘，一字一句地写成了《管锥编》。

万千个普通人，活在人世间，没有人能保证将来一定会成功，而他们的选择是耐住寂寞。寂寞不是消极厌世、颓唐沮丧，而是对追名逐利、浮躁骄矜的一种睥睨，是对市侩俗气、纸醉金迷的一种鄙视，是在宁静淡泊、耿介拔俗中默默耕耘的一种精神境界。

正因为这样，那些耐得住寂寞的人常有着广阔的心灵世界，有自己理想的绿洲和希冀的花朵，更有一颗赤子之心和乐于奉献的情怀。在寂寞中，他们不但默默耕耘，还凭借一己良知和理性严格地塑造、鞭策并完善自我。如此，人生才不会肤浅，其精彩才会得以体现。

第八章
不是努力就会成功，付出就能得到

对人生、对成功，我们需要平和的态度：

要知道，不是努力就会成功，付出就能得到。

在浮躁中，拥有一颗淡泊宁静的心，

只有这样，才能笑看风云变幻，细数流年纷飞。

用平常心怀抱世界

淡泊是宠辱不惊，去留无意，

看庭前花谢花落，看天空云卷云舒。

在观察很多伟大的、有深度的人物的时候，你会发现他们在生活中似乎都有统一一致的谦卑、低调、不事张扬。心境平和，但并没有因此而妨碍他们具有超人的敏感力、观察力和果断力。人是有思想、有思考能力的，这也就决定了他会有更超常的自控能力。诸葛亮说："夫君子之行，静以修身，俭以养德，非淡泊无以明志，非宁静无以致远。"只有不被世间的金钱、名利束缚，不为人生一时一事的得失烦恼顿足、颓废失常，不因世俗的浮华、浮躁所困惑，才能真正平心静气地找出自己活着的目的，找到自己奋斗的方向。学会"淡泊"、"宁静"，修炼自己的精神品格，才会不断从烦躁、冲动的怪圈中把自己解脱出来。在顺境的时候学会珍惜人生，在逆境的时候学会坚强挺立。

淡泊，是一种为人处世的态度。在这种态度中，你可能要经历人生的岁月蹉跎和道路的泥泞坎坷。在这种生活的磨难中，你能取得令你欣喜的成就，相反也会令你走入人生的低谷，一蹶不振。如果能飞黄腾达，你能在这种诱惑中把握住自己，泰然自若，用一颗平常心淡然地看待这一切，你就能在淡泊喧嚣的同时，给自己找到一份心的超然、一份宁静。淡泊能让志向远大的人不受尘世污秽的干扰与冲击，前途无量，人生也更加潇洒。

淡泊，是一种宽宏的气度。这种气度不是小肚鸡肠，而是宽厚、仁慈的大度。心胸狭隘者，永远也走不进淡泊的境地。能做到不争名利，不争宠于阿谀奉承之中，不心存忌妒，让平静的心中有一股自然的浩气与豪气，在生活的平淡中，淡然地看待一切。让超然与洒脱、从容与镇定来为自己找一个淡泊的心境，在平衡的心态里品味出宽阔心中的内敛韵味。

淡泊，是一种内在的深度修养。身居陋室而有自己的生存乐趣，在心灵的桃花源里寻觅着他人看不到的幽静。让宁静的内心世界蕴藏着风格的高尚，把红梅与松柏作为自己的良师益友，用完美来点缀人生。理智地将七情六欲看轻，将自身的疾苦与失落看淡。在自然中沉淀宁静的心情，在淡泊的熏陶中，把自己培养成一个心理上健康、人格上健全、有修养、能宽容他人的人，在淡泊的田园里畅游人生。

淡泊，是一种与众不同的风度。在这种风度中，潜藏着一种向上的力量和敏锐的智慧。淡泊中的成功者不矜夸，不用千里风雨人生路的感悟来装点自身，在成功后能淡然地看待所取得的成绩；淡泊中的智慧者不浮躁，不用万卷诗书来做外表的修饰，只在寂静中默默地耕耘；淡泊中的求索者不患得患失，不计较是否有颇丰的收获，也不计较失大于得的比例失调。

淡泊，并不是给自己的碌碌无为找借口，也不是自认为是抛弃自我的理由，更不是万念俱灰的沮丧。淡泊，是一种自我的回归，是一种人生的体验，是一种平衡心态的洒脱。

人生选择淡泊，是选择一种严肃与庄重的人生态度。在这种选择中，丢下超重的负荷，打开心灵的窗户，抛弃失意的包围，歇息在淡泊这块没有杂质的芳草地上，寻找心灵上的那份宁静。淡泊，是人生的一种志向。人生百态，五味俱全。

或无声无息，或轰轰烈烈，或清风和煦，或暴雨飘泼……不论是激昂的人生，还是散淡的人世，无论是失败者的东山难再起，还是成功者的硕果难久存。在轰轰烈烈中保持一颗平常的心境，在平平淡淡中享受着淡泊的快乐，不倾慕声威，不沮丧卑微。成败兴衰且不论，退一步海阔天空。让淡泊和宁静作为自己的伴侣，一切都会变得坦然。

人生需要云淡风轻，因为平平淡淡才是真。淡泊的心境是人生的一种坦然，是对生命的一种珍惜。生活中不如意的事十之八九，我们无法预料，也无从强求，但顺境中宠辱不惊、怡然自得，逆境里不大悲大愁，也不气馁，笑看云卷云舒，静观花开花落，才解世间浮沉，更见人生真谛。淡看人生荣辱得失，一切均如过眼烟云，恬淡寡欲，去留无痕，真正的永恒只有心胸的豁达，这才是淡泊人生的最高境界。

人生心境就像浩瀚的大海，时有惊涛骇浪骤起，时有狂风暴雨的洗礼，也不乏宁静的港湾供你停泊心灵的小舟。在人生之海驾驭生活之舟时，既需要有迎风战浪的勇气，也需要有从容淡泊的心境！

淡泊是一份豁达的心态，是一份明悟的感觉。行至水穷处，坐看云起时，是一种淡泊。古今多少事，都付笑谈中，更是一份淡泊。保持一份平常心，遇事沉着冷静，对待成功和失败一笑了之，也是一种淡薄。只有这样你才能真正领略平淡的意义，你的心里才能永远拥有阳光。"非淡泊无以明志，非宁静无以致远。"平淡人生不过如此，用平常心去接纳万物，体会这平淡的相守、恬静的皈依。

淡泊人生，并非消极逃避，也非看破红尘、甘于沉沦。淡泊是一种对待生活的心态，一种修身养性的境界，一种待人接物的智慧。

拥有平常心的人才能体会到淡泊是一种享受。淡泊是一种心境，是思想经过历练后高素质的修养。淡泊不是看破红尘，不是对人间一切事物的否定，更不是思想麻木、无所作为的得过且过。学会淡泊，将会使心灵净化成晶莹剔透、毫无杂质的宝玉；学会淡泊，才能如鱼得水，自由自在地欣赏不可多得的美妙世界；学会淡泊，才能得意时而不张扬，失意时而不消沉；学会淡泊，才能得到实实在在、心安理得的享受。

人，平平淡淡而来，也应平平淡淡而去。人生如一条淙淙流淌的长河，既有平静也有波澜壮阔的时候，既有穿越重峦叠嶂时一泻千里的壮丽之美，也有走过一马平川时迂回柔情的安详。拥有一颗平常的心，才能学会满足、学会放弃、学会淡泊，才能理解别人、善待自己、享受生活。平淡应是你看待事物的心态，宠辱不惊，去留无意，看庭前花谢花落，看天空云卷云舒，淡泊也是美的一部分。

2

绚烂至极，终会归于平淡

要知道，我们拥有的，多不过付出。物质不过是满足生活基本需求的资源，而真正能给我们带来幸福与祥和的，却是一颗不为物欲所动的平常心。

如何守住心灵的一方净土，使自己的日子过得顺心而滋润呢？我们不妨静下心来，保持一颗平常心。所谓平常心，即对待周围的环境做到"不以物喜，不以己悲"，更要对周围的人事做到"宠辱不惊，去留无意"，气定心宁，闲庭信步。

弘一法师，俗名李叔同，清光绪年间生于富贵之家，是一位才华横溢的艺术家，是名扬四海的风流才子，集诗词、书画、篆刻、音乐、戏剧、文学等才艺于一身，在多个领域中开创了中华灿烂文化之先河。用他的弟子、著名漫画家丰子恺的话说："文艺的园地，差不多被他走遍了。"

但是，正当盛名如日中天之时，李叔同却彻底抛却了一切世俗享受，到虎跑寺剃度为僧了，自取法号弘一，洗尽铅华，归于岑寂。出家24年，他的被子、衣物等，都是出家前置办的，补了又补；一把洋伞则用了30多年。所居寮房，除了一桌、一橱、一床，别无他物。他持斋甚严，每日早午二餐，过午不食，饭菜极其简单。

弘一法师以教印心，以律严身，内外清净，写出了《四分律比丘戒相表记》《南山律在家备览略编》等重要著作……他在宗教界声誉日隆，一步一个脚印地步入了高僧之林，成为誉满天下的大师，中国南山律宗第十一代祖师。正因为此，对于李叔同的出家，丰子恺在《我的老师李叔同》一文中所说："李先生的放弃教育与艺术而修佛法，好比出于幽谷，迁于乔木，不是可惜的，正是可庆的。"

就是这样，弘一法师以平常心淡定自然地完成了转化，淡然地享受着"绚烂至极归于平淡"的生活，并获得了人生的极致绚烂。

在生活中，常常因为一点点的改变就会让我们陷入患得患失之中，得到一点荣誉，便怕失去；获得一点关注，便怕"过气"；有过一次挫折，就怕再跌跤；受过一次伤害，就怕再投入。我们会为很多诸如此类的小事轻易地失去平常心，因而也陷入精神的折磨之中。

要知道，得到的并不一定就会长久，付出了也不一定就都有收获。世事原本如此，若不能以平常心对待，人生注定就会以悲剧收场。

平常心，是面对成就、面对荣誉时的谦和自制，是面对失败、面对挫折时候的不气不馁。平常心，可以让我们在顺境中不失于浮躁，从而稳扎稳打地更上一层楼；可以让我们在逆境中不自暴自弃，从而披荆斩棘，重返辉煌。

　　成功没有捷径，但是好的心态却可以成为我们成功的助推器。保持一颗平常心，淡然地看待问题，我们才能离成功更近一步。人生在世，岂能时时顺心、事事如意？只有保持一颗平常心，淡然处世，我们才不会被烦恼所扰，才不会被俗事所累。

总有缺憾需要接纳

　　人的一生就像一张白纸，

　　幸福就是那纸上五彩斑斓的色彩。

　　世界上没有绝对完美的事物，也没有能将凡事都做到绝对完美的人。所谓"尽心就意味着完美"是非常有哲理的，做任何事情有疏漏并不可怕，关键在于人的心态。当你多一分满足，多一分心平气和，你就已经拥有了一份完美。绝对的完美是没有的，生活中处处都有缺憾，有缺憾才是真实的人生，完美只在理想中存在，我们需要一颗平常心。

　　从前一个寺院里住着几个和尚，一个老师父和几个小徒弟。他们平平静静地生活着，与世无争，怡然自乐。

　　日子一天天悠闲地过去，老师父已经是一个白胡子老头了。他知道自己不久将驾鹤西去，于是便想找一个接班人来代替他管理这个寺院。他决定从平时表现最好的两个徒弟中选一个来接手寺院。

这一天，老和尚便把那两个徒弟叫到跟前，吩咐他们说："你们去后山的树林里各自找一片最完美的树叶回来给我。"两个小徒弟不知道师父这葫芦里卖的是什么药，但也只好领命而去。

两个小徒弟走到树林里。一个小和尚想：这里的树叶不计其数，可是每一片树叶都是独一无二的呀，那到底怎么样才算是完美呢？于是他望了望，捡了一片完整的、干干净净的树叶回去见师父。师父笑而不语。

另一个小和尚想：这么多的树叶要找一片最完美的，那多困难呀，不过师父交代的事情一定要办好，可不能像他那样随便找一片叶子回去交差呀！于是便认认真真地找了起来。可是他找了很久，最后却空着手回去见师父。师父同样淡淡地一笑。然后，师父便问那个捡回树叶的徒弟："你捡回的这片树叶是最完美的吗？"徒弟答道："是的，虽然我并不知道师父您说的完美到底是怎么样的，但是在我看来，这样的树叶已经算得上最完美了。"师父点头微笑，然后又问那个空手而归的徒弟："你一片也没有找到吗？"那徒弟回答道："师父，我在树林里找了很久，可是没有一片树叶称得上最完美呀！"

最后，师父将寺院交给了那个捡回树叶的徒弟。

是的，两个徒弟都没能找回最完美的树叶，可是第一个徒弟却捡了自己认为最完美的树叶交给师父。正如他所想，每一片树叶都是独一无二的，那到底怎样才算是完美呢？其实关键就是看自己怎么认为，而不应该顾及他人心中的定位。如果你认为是最完美的，那它就是最完美的。这一点在师父看来，是一种平常心、一种禅心。用一个佛教术语表示，那就是——慧根。师父需要的就是这一颗平常心啊！

我们日常生活中又何尝不是这样呢？许多人为了追求所谓的完美，付出了很多，失去了很多，可到最后仍然没有什么完美。就像那个空手而归的徒弟一样，到最后你会发现，为了寻找一片最完美的树叶而失去成功的机会是多么地得不偿失！

生活，只要自己高兴、开心就好。就好像洗澡水一样，不是越冷越好，也不是越热越好，而是自己觉得舒服就行。也许，这就是一种平常心吧！那一片最完美的树叶我无法想象，你也无法想象，我们其实都不知道。

世界上从来没有绝对的完美，所谓的完美只是相对的。如果你非要刻意地追求完美，只能是徒劳无功。人的一生就像一张白纸，幸福就是那纸上五彩斑斓的色彩，但是，如果你的眼睛只看见黑、灰等暗色调，你就感觉不出它的缤纷。是的，这世界上并没有完美的事物，但是总有一样东西会属于你，比如，上苍给了你美丽的容貌，也许会夺走你的聪明；给了你富裕的家庭，也许会夺走你的爱情；给了你显赫的地位，也许会夺走你的亲情……这世界上，几乎没有一个人的一生是完美无瑕的，也没有一个人的一生是支离破碎的。当我们把眼光放在光亮的一面，我们就能看见光明。

世界上有太多追求完美的人，他们似乎不把事情做到完美就不肯善罢甘休，这种人到了最后，大多会变成灰心失望的人。因为我们所做的事，本来就不可能完美，所以说，完美主义者本身就是在追求一个不可能实现的愿望。

因为自己得不到完美的结果而产生挫败感，就这样形成一个恶性循环，最后让这个完美主义者意志消沉，变成一个消极的人，其危害是无穷的，所以，我们应该培养一种"没有最好，只有更好"的态度。

一心追求绝对完美的人生本来就是不完美的。人的一生就像一场竞赛，再成功的人也有失手的时候，再失败的人也有出色的瞬间。只要认真地看待生活，正确地对待自己，就会觉得快乐的人生其实真的很简单。

4

对自己、对他人再宽容一些

心是包容世界的美丽容器，

不要让它变成堆积怨气的垃圾箱。

海阔凭鱼跃，天高任鸟飞。这样的境界哪怕只是想想，也觉得妙不可言，这样的生活谁人会不期待呢？然而生在广阔世间，我们却常常因为一些小事郁郁不乐，从而一叶障目，看不到整个世界的广阔。

人人都希望过上无忧无虑的生活，然而现实社会毕竟不是桃花源，我们每天都面对着种种琐碎的烦恼。

"真倒霉，又塞车了。""真倒霉，又没车位了。""真倒霉，饭里居然吃出了沙子。""真倒霉，刚洗了车又下雨了。"诸如此类的小小烦心事我们每天都在经历着，却依然常常为这些天天都在发生的小事大动肝火，破坏着自己的心情。

人人都有不顺遂的事，只是对于心宽的人来说，他们能以自己的大度化解生活中的大多数不愉快，从而获得快乐的人生。

心是包容世界的美丽容器，不要让它变成堆积怨气的垃圾箱。

王茹在与丈夫离婚后，就带着 5 岁的女儿来到了美国。为了维持生计，她开了一家蔬菜店。由于王茹生性热情好客，再加上她的蔬菜新鲜，价格合理，所以招揽了许多的顾客，几乎每天都是顾客盈门。

然而，王茹所获得的这一切却招来了其他小贩的忌妒。于是他们就想方设法地要赶走王茹，一度将垃圾倒在王茹的店门口。面对这一切，王茹并没有去计较，她总会心平气和地将那些垃圾清理干净，让自己的店门口始终干干净净的。

王茹蔬菜店的附近有一个墨西哥女人。她看到了别人对王茹所做的一切，最后终于忍不住，便问王茹："他们那样对你，你为什么一点也不气愤呢？你就不怕他们以后会一直这样欺负你？"这时候，王茹笑了笑说："我为什么要生气呢？你不知道，在我们中国，每年过年的时候，大家都会往家里面扫垃圾，那代表着财富。我倒觉得我应该感谢这些人啊，他们将财富送到了我家。"

很快，王茹的话就传到了那些小贩的耳中，他们为此感觉羞愧难当。从那以后，他们就再也没有将垃圾倒在王茹的店门口了。

王茹的大度和宽容实在让人惊叹。当别人将内心世界的脏水泼向她的时候，她却以宽容之心将其化解。

中国有句话叫"冤冤相报何时了"，在我们的生活中，其实有很多的事情需要我们去忍耐、去宽容。哲学家说，宽容是一个人的修养和善良的结晶；心理学家则说，宽容是家庭生活的一剂调味品。常言道，"金无足赤，人无完人"，每个人都是有缺点的，所以，面对别人的过失或错误，最为聪明的做法就是宽容待之。倘若人与人之间少了宽容，恐怕我们的生活也将会永远地充满仇恨，人们也很难感受到幸福的滋味了。

人心如同一泓泉水，心有多豁达，映照出的世界就有多美、多辽阔。我们往一杯水里加勺盐，水就变得咸涩；然而当我们往辽阔的湖水中加一勺盐，却无法改变湖水的味道。生活中免不了有咸涩的盐落入我们心湖，而只要我们的心足够宽广，就没有什么会成为我们烦恼的根源。

具有宽容的心，意味着你不会再患得患失。我们在学会宽容别人的同时，也要学会宽容自己。当自己有了过失，不必灰心丧气，一蹶不振，也不必为之痛苦，只要能从中吸取教训，便可以重新扬起工作和生活的风帆。只有宽容地对待自己，才可以让自己心平气和地投入到工作和生活之中。

心是容纳世界之美的容器，别因为不够宽容，而让一勺盐葬送了整个世界的甘甜。

5

改变能改变的，接受无法改变的

若能一切随它去，

便是世间自在人。

有一位很有名望的禅师住在远离闹市的寺院里，很多人慕名前来拜访，想要聆听他充满智慧的言语，其中不乏当朝的权贵人物。一日，几个大臣相约拜见禅师，一行人在山中泉水旁谈天，有位大臣向禅师请教万事万物的道理。

当时正是初秋，山里的树木半黄不黄，禅师指着一棵树问："你们说，这树是枯萎的好，还是繁茂的好？"

"当然是繁茂的好！"有人说。

禅师却说："繁茂的东西免不了枯萎。"

"我觉得枯萎的好。"又有人说。

禅师说:"枯萎的也会成为过去。"

"到底什么才是最好的?请大师指点。"几位大臣同时作揖。

禅师说:"繁茂的就让它繁茂,枯萎的就随它枯萎,这就是最好的。"

繁茂也好,枯萎也罢,大自然的一切均遵循四季规律。对于树木来说,春天抽枝,夏天繁茂,秋日结果落叶,冬日休养生息以待来年,这种一生一息是最合理、最自然,也是最好的生存方式。如果放进暖棚里春冬不息地茂密着,恐怕树木也会觉得疲惫,观者也会觉得太过刻意。唯有自然的,才是最好的。

人生也是如此。人的悲欢离合就像月的阴晴圆缺,非人力所能改变。生老病死伴随着一个人的生命,所有人都会为它们苦恼,所有人都逃不过它们的束缚,这就是生命的本质。一个遵循自然规律的人,幼时嬉戏,壮时立业,老来颐养天年,这就是生命的最佳状态。唯有遵循这种自然规律,才能让身心达到和谐,领略每个年龄段的乐趣,这样的生命才能称为享受。

与人相处也应自然,人与人之间有冥冥中的缘分,否则如何解释茫茫人海你遇到的是这一个人、这一些人?当缘分来了,纵然相隔千山万水也躲不掉;缘分去了,纵然只有一街之隔也会老死不相往来。在拥有的时候珍惜,在远去的时候珍重,领会到这种自然,不强求改变,这就是豁达。豁达的人不强求,他们知道万物的缘起,也知道生命的归宿,比起无尽的宇宙,人的存在太过渺小,如沧海一粟。世界上的一切都应顺其自然,每个人也要效法自然,这就是禅心。

为人处世也应顺其自然。一时有了不如意,不必垂头丧气,因为人生都有低谷,耐得住就能走到高潮;一时遭人误解,也不必非要解释,日久见人心,他人总会知道你的真诚。有些人的一生都在追求不属于自己的东西，直到老死才明白什么也不属于自己，能够掌握的只有生命本身。可那些与年龄、感情、兴趣有关的欢乐早就被他们抛弃，再想追回已是无能为力，徒留感叹和悔恨，倒不如一开始就知道什么最重要，在该珍惜的时候珍惜，好过日后后悔。

自然的法则残酷却真实，你愿意接受它，它便不会亏待你；你总是违逆它，便是在为难自己。人如果能够顺其自然地生活，就不会在意那些终将成为过眼烟云的东西；若是想得开、看得透，就会知道与人争斗只会白白惹来烦恼。豁达的人不会为虚名所累，他们总能在纷扰的世事中享受属于自己的那一份感悟，自得其乐。

6

能向前奔跑，也要能退后思考

人生不能只是往前直冲，

有的时候，若能退一步思量，

往往能有海阔天空的壮观。

在每个人的一生中，都会因为各种原因与人发生不快和争执。在这种时候，我们大多数人都会怒气冲天，与人毫不相让，以致与别人的关系非常紧张，自己弄得很不开心。其实，在我们遇到各种不如意之事的时候，稍微退让一点，不仅能够给别人台阶下，还能使自己免遭更多的不快，同时还能显示自己的宽容与涵养。

唐代布袋和尚曾作有一首《手把青秧》诗，诗歌道出了"退步原来是向前"的道理，诗云：

　　手把青秧插满田，低头便见水中天。
　　心地清净方为道，退步原来是向前。

　　这首诗告诉我们一个这样的哲理：在我们与人相处时，如果遇到与人发生不快之事的时候，退让一步原来也是在向前。这时候，你退让一步，表面来看，你似乎是低头妥协了，其实这正显示了你胸怀的宽广和为人的大度。因为你不与人斤斤计较，所以你就减少了与人的纷争，你心中也就没有怨恨和不快。同时，因为你的退让，还会使对方感觉到自己行为的过错，从而不断反省自己，改正自己的缺点和错误，说不定他们还会因为自己的行为向你道歉呢！

　　一般人总以为人生向前走，才是进步风光的，然而退步也是向前的。退步的人更是向前、更是风光的。古人说"以退为进"，又说"忍一时风平浪静，让一步海阔天空"，在功名富贵之前退让一步，是何等地安然自在！在是非之前忍耐一时，是何等地悠然自得！这种谦恭中的忍让才是真正的进步，这种时时照顾脚下、脚踏实地地向前才至真至贵。人生不能只是往前直冲，有的时候，若能退一步思量，所谓"回头是岸"，往往能有海阔天空的乐观场面。

　　张廷玉当官时，他的弟弟因盖房子与邻居争地，彼此互不退让，以致各向前修围墙，阻断道路。弟弟修书给张廷玉，希望他帮忙打赢这场官司。然而张廷玉作了一首诗回信道："千里捎书只为墙，让他三尺又何妨？万里长城今犹在，不见当年秦始皇。"邻居知悉后非常感动，双方遂各自退让三尺，结果反而促成了著名的"六尺巷"。

张廷玉的处世态度提醒着人们：退一步乃建立在宽容的忍让基础上，并时时保持内心的祥和宁静，思想才会清澈纯净而智慧源源不绝，矛盾和冲突才有转圜的余地，进而化危机为转机，内心才能享有真正的海阔天空。

一个人不管才华多高、能力多强，也不要锋芒毕露、咄咄逼人，要学会及时退步。在我国历史上就有许多人因恃才傲物而不被当权者所容，最后他们为自己的锋芒毕露付出了生命的代价。三国时期的杨修之死就是一个典型的例证。

在生活中，我们总是为了进一步而争得面红耳赤，撞得头破血流，闹得鱼死网破。这样做不光于事无补，反倒适得其反，僵化了局面，使我们无法再次抬起前进的双脚。这时候，我们如果学会退后一步，你的人生也将为之改变。

不强求所有的努力都能有结果

走好过程中的每一步，

对于结果顺其自然，不必刻意强求，

反倒能有一番收获。

结果向来都是给别人评价的，而过程却永远是自己独享的。成功是结果，失败也是结果，别人看来，它们不过是几个冷漠的字眼，不可能触动心灵；反之，无论结果如何，那惊心动魄的奋斗历程却永存于自己的脑海，因此——过程的价值远大于所谓的结果。

古时候有人种葫芦，却疏于照料，最后连叶子都没长好。别人指责他时，他却振振有词地反驳："我要的是葫芦，不是叶子！"没有付出就妄想获得，这当然是个笑话，但它给我们的启示却是严肃的：没有耕耘就没有收获，不注重过程，永远不会有好的结果！这是个人生哲学，许多人为了结果，竟无视过程，不择手段，最终还是落得个悲惨的下场。像那些贪官污吏，为了虚无的名利而犯下滔天的大罪，对社会造成了极大的危害。历史是公平的，诸如此类，都会得到审判。正如臧克家所写："有的人活着，他已经死了。"

做事情注定过程更重要。有句话："谋事在人，成事在天。"谋事即为过程，成事即为结果。它已经告诉我们，人所应该做的只是去谋事，人的责任也只是去做，去感受这个过程。通过这一过程，获取经验、方法、教训，最重要的是锻炼自己。既然已明白成事在天，又何苦去看重结果呢？我们的奋斗更在于拼搏的过程。

过程比结果更重要，没有过程就不会有结果。过程需要计划、调整和完善，偏重结果会导致急功近利。做任何事都需要一个过程，过程是一种苦涩的历练。谢觉哉说："神圣的工作在每个人的日常事务里，理想的前途在于从一点一滴做起。"马克思说："在科学上没有平坦的大道，只有不畏艰险沿着陡峭山路攀登的人，才有希望达到光辉的顶点。"卡·冯·伯尔说："科学的永恒性就在于坚持不懈的寻求之中，科学就其容量而言，是不枯竭的；就其目标而言，是永远不可企及的。"西方有句谚语："罗马不是一天建成的。"

为实现自己梦想而努力的过程虽然是艰辛的，甚至是痛苦的，但在痛苦中也有无比的快乐，因为它让我们在痛苦的磨炼中超常地发挥自己的聪明才智，充分体现了自身的最大价值。因此，过程胜过结局，为实现梦想而努力的过程才是最美的！

禅院的草地上一片枯黄，小和尚看在眼里，对师父说："师父，快撒点草籽吧！这草地太难看了。"

师父说："不着急，什么时候有空了，我去买一些草籽。什么时候都能撒，急什么呢？随时！"

中秋的时候，师父把草籽买回来，交给小和尚，对他说："去吧，把草籽撒在地上。"起风了，小和尚一边撒，草籽一边飘飞。

"不好，许多草籽都被吹走了！"

师父说："没关系，吹走的多半是空的，撒下去也发不了芽。担什么心呢？随性！"

草籽撒上了，许多麻雀飞来，在地上专挑饱满的草籽吃。小和尚看见了，惊慌地说："不好，草籽都被小鸟吃了！这下完了，明年这片地就没有小草了。"

师父说："没关系，草籽多，小鸟是吃不完的。你就放心吧，明年这里一定会有小草的！"

夜里下起了大雨，小和尚一直不能入睡，他心里暗暗担心草籽被冲走。第二天早上，他早早跑出了禅房，果然地上的草籽都不见了。于是他马上跑进师父的禅房说："师父，昨晚一场大雨把地上的草籽都冲走了，怎么办呀？"

师父不慌不忙地说："不用着急，草籽被冲到哪里就在哪里发芽。随缘！"

不久，许多青翠的草苗果然破土而出，原来没有撒到的一些角落里居然也长出了许多青翠的小苗。

小和尚高兴地对师父说："师父，太好了，我种的草长出来了！"

师父点点头说："随喜！"

这位师父真是位懂得人生乐趣之人。凡事顺其自然，不必刻意强求，反倒能有一番收获。

为求一份尽善尽美，人们绞尽脑汁，殚精竭虑。而每遇关系重大、情形复杂的状况，更是为之寝食难安。其实，就如我们遇上难越的坎儿，与其百般思量，不如顺其自然，反倒能够柳暗花明又一村。

但是，当机会的大门向我们敞开的时候，还是多一些努力为好。对待工作、对待生活，尽职尽责，尽善尽美。只要自己全力以赴就可以问心无愧了，至于结果，还是顺其自然的好！

第九章
过一种简单得恰到好处的生活

"天下本无事，庸人自扰之。"

我们很容易在纷繁的琐事中迷失了方向，

找不到幸福究竟藏在迷宫的哪一端。

其实，只要简单一点，

自然就会品味到日子的幸福和美好。

将生活调整为简单模式

经营生活、梳理生活，

需要智慧与技巧，

而简单就是最大的技巧。

人们常常感叹生活的复杂：未来很复杂，现在走错一步就会让未来的一切乱套；人心很复杂，这一秒还在雀跃，下一秒又被无法言明的困扰纠缠……其实，复杂的也许不是生活本身，而是我们的思维，我们用网状的思维将生活割得七零八落，忘记它也许是一个简单的整体。

莎拉是一家家政公司的部门经理。她在大学的时候，就已经去做兼职销售员以锻炼自己的能力；还没毕业，她就已经被一家知名公司内定为重点培养对象。当然，她没有让那些领导失望，她的工作能力毋庸置疑。

经过几年拼搏，莎拉年薪百万，并拥有了一栋豪华住宅。但是她时常觉得生活异常枯燥、痛苦，因此寝食不安、闷闷不乐。她觉得一切都是因为她的工作，她还没有赚够足够的钱，所以必须忍耐现在的生活，等将来更有钱了，一切就好了。

有一天，莎拉去郊外旅游。她看到做面包的夫妇一家，他们家徒四壁，每天需要从早忙到晚不停地和面、烤面包、卖面包，但是他们脸上常常挂着微笑，孩子们也在笑声中玩耍，丝毫没有因为家境贫寒而闷闷不乐。

莎拉觉得很奇怪，便非常不解地问这位妻子："你们这么艰难，为何还这么快乐？"

这个女人放下手中的活，用极度轻松的语气回答道："我们是没钱，但为什么不快乐呢？想着我们一家人可以整天在一起劳动，邻居也可以享受我们的美味食品，我们又可以交到很多的朋友，我为什么要觉得不快乐呢？"

莎拉惊诧不已，她思考了很久很久。这时，那个妇人递了一个烤好的面包给她，她下意识地咬了一口，面包特有的甜味，让她似乎懂得了很多东西……

生活，可以很复杂，也可以很简单。就像故事中的莎拉，她得到了那么多别人羡慕的东西，但她不快乐，因为她的世界太复杂；那个农妇是她如此简单，简单到只需最基本的物质享受和家人的陪伴就能让她发自内心地微笑。想一想，如果富有的莎拉也有这一份简单的心态，她将收获多少幸福呢？

想要摆脱复杂的生活，就应该让简单成为生活的纲领。你的思想应该简单一点，目标也要简单一点。什么是简单？追求自己理想中的职位并为此努力就是简单，但想到走后门、讨好领导、换着花样让人认同自己，这就是把简单的事搞复杂了。明明你只需要花七分力气就能做到，你却花了十一分，还给人留下了钻营的印象，让人怀疑你的能力，这能不复杂吗？

托马斯先生忍住骂人的冲动，用力摔上自己办公室的门。他算是一个善体人意的老板，从不亏待自己的员工。可今天，他却发现自己的员工们工作起来如此地心不在焉，不是在用网络聊天，就是打一些免费的网页游戏，他们一边做这些事，一边慢条斯理地工作；还有人发现时间不够，手忙脚乱地做着三四件事，难怪最近公司的效率如此低！

托马斯先生经过一夜的思考，想到了一个不错的办法。第二天，他早早到了公司，将一些打印好的字条贴在每个员工的桌子上，上面写着："每次只做一件事。"他给员工们开了一个会，要求他们必须按照纸条上的要求去做，集中精力完成一件事再去做另一件，哪怕是闲暇时间玩一个游戏，也要保持高效率！

员工们遵照托马斯先生的指示，半信半疑地开始尝试这项新要求。不到半个月，他们就发现自己的工作效率大大提高，精神也越来越好，他们觉得自己有了更多的闲暇时间，再也没有遇到过工作挤在同一天根本完不成的情况。员工们对托马斯先生表示钦佩，托马斯先生说："这是我一直以来遵循的原则，所以我才会有今天的成就！"

经营生活，需要智慧与技巧。当你掌握了一些简单的技巧，就会发现生活其实没有那么累，也没有那么烦琐，只是因为你把所有东西都掺杂在一起，根本没有条理，难怪总要哀叹"剪不断，理还乱"，那么多的东西，你剪得断才怪！

每个人都应该学会生活，生活有时候可以是一个整合的过程，一次只做一件事，能让工作和生活变得更简单。不要急迫，也不要懒散，把事情一个一个排起来，一个一个地解决，就像时钟一格一格地嘀嗒，中间也要适当地填充闲暇的娱乐时光。如此一来，你的生活将会大为改观，你能触摸到生活的大脉络，掌握大方向，还能感受那些让你欣喜的分支。

要让一切有条不紊起来，这需要一种大胸怀和大智慧。不要把生活看得太复杂，以善意的眼神看待它、梳理它、感受它，就像让每一条河流流在自己的河道中，最后汇集到大海里，这是不是一种成就？这是最大的成就！

慢慢来，没那么多着急的事

用减法平衡生活，顺应人体的生物钟节律，

慢慢享受生活，还生活一个真实的状态。

城市生活叫人们无法止步，人们一直生活在持续的加法中：好，还要更好；多，还要更多。其实，生活的幸福感并不能完全借由物质的丰裕程度来衡量，拥有更多的财富、更大的房子、更好的车子，未必能带来更多的幸福。常常因为拥有得太多，生活太过复杂，反而让自己被控制住了。

生活是需要做减法的，那是一种让生活尽量简单化的状态。说白了，生活要求太高，一旦复杂起来，碳的排放量就会多了很多。生活要不折腾，越简单越好。上升到精神层面，就是要倾听自己内心的声音，懂得化繁为简，有享受幸福的能力。当然减法生活也不是一味简约、简单甚至简陋，而是要寻求一种让生活舒服的适度节制，是用减法来平衡生活。

工作超时、压力超载、身体超负，不仅得到的来不及享受，反而会如鲜花凋谢般，早早地毁掉了自己的健康。也许我们都还健康着，所以忽略了很多东西。其实，生命有时很脆弱，一不小心，就被它轻易背叛了。

人之所以痛苦，是由于所求太多、太繁杂。作为凡夫俗子，我们虽然做不到"无求自安"，但是起码可以采取"减法"——当自己痛苦的时候，要勇于减除一些需求。

当今在大力提倡"慢生活"这个概念，其实，也就是倡导"用减法平衡生活，顺应人体的生物钟节律，慢慢享受生活，还生活一个真实的状态"。

人生不应该太满，太满便没有空间去享受生活，会让心灵衰老得很快。过简单生活，主动摒弃一些东西是种成熟的心态，那是因为我们知道自己要什么而不要什么了。减少并不意味退步，只是做了合理的减法，化繁为简了。

化繁为简做减法也不是懒惰的不思进取，而是主张剔除生活中可有可无的负累，不被名利所左右，不被物欲所驱役，不让生活终日忙忙碌碌，不让健康跟不上我们的步伐。

不想做的事情拒绝了，不想交的朋友舍掉了，不想挣的钱不要了……还原生活的本真，真实体验生活中的自由、轻松和属于生命自身的意义。有节奏地适当放慢脚步，给生活多做减法，生活才会从容，身心才会舒畅。

3

打败生活的障碍，一个笑容就可以

心中充满爱，微笑面对生活，
才能感受到阳光的温暖。

人生就如同一本残缺不全的经书，所有的一切都不是完美的，最多也只是近乎完美！那残缺不全的就是不可改变的败笔！一切随缘才是我们必须选择的道路，因此，我们不要一味地去追求浮华的人生，那样只会自欺欺人，到头来自己弄得伤痕累累！

如果想让自己逍遥自在，让自己快乐，必须要学会不去计较自己得到多少！只要有所得，就应该满足。凡是你做了，都必然会有所得到，只是得到多少的问题。

笑容，是对生活的一种态度，与地位、处境没有必然的关联。一个有钱的富翁或许会整天焦虑不安，忧心忡忡；而一个普通人，则可能心情舒畅，也许能坦然乐观地面对生活。一位处境顺利的人，可能会愁眉不展；一位身处逆境的人，也可能会淡定从容地微笑着面对生活。

在日常生活中，一个人的情绪受环境的影响，这是很正常的，但是，你总是苦着脸，一副苦大仇深的样子，对你的处境并不会有任何的改变；相反地，如果微笑着去面对它，就会增加你的亲和力，就会有更多的人乐意与你交往，你就会有更多提升自己潜力的机会。

阳光，多么温暖的名词啊！可是，真正懂得用心中的阳光温暖别人的又有几人？只有心中存有爱的人，才能感受到现实中的阳光有多温暖；如果连自己都冷落了，生活将如何才能恢复美好？

笑容，是发自内心的，不卑不亢，既不是对弱者的愚弄，也不是对强者的阿谀奉承。献媚时的笑容，是一种虚伪的假笑，而那层戴在脸上的面具是不会长久的，一旦有了机会，虚伪的面具便会被摘除，露出那丑陋的面目。

浅浅的一个笑容，就会让人感觉很舒心。微笑，那是对别人的一种尊重，不论是上司或是下属；人际关系就像物理学上所讲的力的平衡，你怎样对待别人，别人就会怎样对待你，要想别人尊重你，首先，你得尊重别人。

当发生了不愉快的事，受到别人的误解时，你可以选择暴怒，也可以选择一笑而过。这笑容的力量会比暴怒更大，你的笑容足以震撼对方的心灵，你所显露出来的宽容与气度会让对方觉得自己的渺小与心胸狭隘。清者自清，浊者自浊。有时候，过多的解释与争执是没有必要的。对于那些无理取闹、蓄意诋毁的人，给他们一个微笑，剩下的事就交给时间去验证吧！

有100位科学家联合指证，爱因斯坦的理论是错误的。当爱因斯坦知道这件事后，只是淡淡地笑了笑，说："100位？要这么多人吗？倘若我真的错了，只要一个人出面指证，我就会改进！"

最终，爱因斯坦的理论经受住了时间的验证，而那100位科学家，就这样被一个笑容打败了。

人生中，有误解，有挫折、失败，这些都是常见的。要想生活中一片坦途，就必须先清除掉自己心中的障碍物，懂得取长补短，谦虚上进。

微笑，算得上是一种修养，也是一种内在的涵养，它给了别人亲切、鼓励与温馨。常常微笑的人，总是比别人活得更轻松，也得到更多的收获。所以，请善待自己，端正好处世的态度，微笑着面对生活，相信它会赋予我们更绚丽多彩的人生。

4

找到适合自己的生活节奏

放慢脚步，倾听内在的声音，

顺着它找到最适合自己的生活节奏吧！

近年来，许多有识之士提倡"慢生活"。即强调人们要把握一定的生活节奏，有劳有逸，一张一弛，不要把自己的生活安排得满满的，要给自己留下一些"腾挪"的生命空间，不要总是为没有充足的时间去完成该完成的事情而感到焦虑，也不要永远把自己的兴趣、爱好和休息时间放在次要位置。如果我们把"慢生活"作为一种生活方式，加强计划性，安排好自己的工作，清除掉过高的追求目标和耗时项目，科学地支配时间，从容地休息和运动，无论对提高工作效率还是保障身心健康都不失为明智的选择。

现实生活中，许多人的生活方式不是"慢节奏"，而是"快节奏"。他们给自己定下过高甚至不可能实现的目标，为实现目标牺牲了休息时间和兴趣爱好，"流汗又流血，拼劲又拼命"，不惜透支生命和健康，以致使自己处于亚健康状态，甚至"过劳死"的边缘。有资料表明，近几年，我国心血管病的发病率急剧上升，特别是中青年人冠心病死亡率呈"陡坡"上升趋势，究其原因，生活节奏过快、工作压力过大、生活方式欠健康是主要因素。

有位百万富翁为了提前实现他"千万富翁"的理想，天天熬夜加班，忙得不亦乐乎，至于体育锻炼，那是压根儿没有想过的事，甚至有了病，也挤不出时间去看，一心只想着赚钱、赚钱、再赚钱。没想到突发心肌梗死、英年早逝了。还有一位商界朋友在商海中拼搏，成绩非凡，称得上是一员骁将。他没日没夜地工作，牺牲了休息，牺牲了健康。平时他的上衣口袋、办公桌抽屉、汽车手兜里都放着救急药品，结果年方40岁便患了脑血栓，躺在病床上不得动弹，他深深地感叹道："无病即是财富。"这可以说是肺腑之言。

我们所谓的"慢生活"，并不是主张懒汉哲学，故意拖延时间，更不是无所作为，不思进取，而是提倡一种健康的生活方式、科学的工作态度。要求人们淡泊名利，摒弃过分强烈的欲望和不切实际的奋斗目标，减轻自己的心理压力，放慢生活节奏，把休息、体育锻炼和发展兴趣爱好放在重要位置。坚持劳逸结合，有张有弛，保持积极而镇静的情绪，紧张而有秩序地工作。这样看起来是"慢"，实际上却提高了工作效率，赢得了健康和快乐，保证了生命和生活的质量。

人生命的承受能力是有限的，生活节奏过快，以损害健康而换取一时的成绩无异于饮鸩止渴。超负荷劳动，搞"健康透支"等于慢性自杀，必定会以早衰或早逝作为惨痛的代价。美国作家爱默生说："健康是人生的第一财富。"哲学家叔本华说："健康的乞丐比有病的国王更幸福。"德国作家哈格多恩说："唯有健康才是人生。"健康是生命活动的核心，是生活质量的基础、幸福的源泉。放慢节奏，从容生活，是一种对健康高度负责的态度，也是一种对有限的生命资源的有力保护。诚如是，才有可能创造健康的人生、辉煌的人生。如果我们能掌控生活的速度，知道什么时候可以放下，什么时候要加快脚步，什么时候必须驻足，什么时候又该跃起，我们就不会因为一路快跑追赶而忽略了道路两旁美丽的风景和本该细细品尝的生活况味，也不会因为忘了停下脚步而错过了身旁关怀的眼神和暖暖的爱意。如果，你同意生命中有比急着完成某件事还更重要的事情，就请放慢脚步，倾听内在的声音，顺着它找到最适合自己的生活节奏吧！

⑤ 过一种让心灵快乐的生活

生活其实很简单，

过好自己的，不羡慕别人。

丘吉尔说，"每朵乌云背后都会有阳光"，不要再去逃避这个世界，人是不可能离开社会独立存在的。走出困惑，用心地感悟，用心地改变，用心追求真正的平平淡淡，这样才是真。

有人就会轻松地享受人生，他们会觉得飞扬只是人生的一瞬间，平平淡淡才是永恒。不必为了奢望浮华而费尽心机，也不必为了寻不到人生的雄奇博大而暗自苦恼。人生如梦，岁月如歌，得也好，失也好，穷也好，富也好，名和利只不过是过眼烟云，还是平平淡淡才是真呀。

许多的东西都可以虚假，只有生活才是最真实的。每个人都希望自己的人生散发出耀眼的光环，都希望自己有一段不平凡的生活，事业上获得惊人的成就，拥有一段惊天动地的爱情。可是当一切光环都消失的时候，剩下的却是本色的生活状态。生活就是柴、米、油、盐，生活就是平平淡淡地过完每一天。

生活很复杂，其实也可以很简单。人生不怕平淡的日子，只怕生活的感觉不真实；生活不怕困难的日子，只怕没有真情存在。拥有简单思想的人过着简单的生活就是一种幸福。然而思想一旦变得复杂起来，就不会满足于现有的生活，总是追求更高、更好的生活层次，在情感上也想拥有得更多，这时生活的烦恼也会随之而来……

也许有些人以为贫困的生活是不会有幸福可言的，生活在一起的人整天为了生计而奔波操劳，怎么可能会有幸福可言？他们在忙碌的生活中寻找的是生活的资本，寻找的是吃饭、穿衣的资金，没有时间和心情去考虑幸福是怎么回事。只要彼此心里装着对方，即使是贫困的生活也能找到幸福的感觉；只要爱着彼此，一起辛苦、一起劳累、一起过着贫困的生活也是一种幸福，幸福和爱就是两个人一起经历风雨，一起过着平淡而简单的生活。

生活其实很简单，上班的时候，我们就努力地工作；下班的时候，我们就按时下班。下班回来，简单地做几个自己喜欢吃的小菜，然后有滋有味地享用。如果工作忙，很累的话，那干脆就不做饭，简单地吃个快餐。节省的时间看自己喜欢看的书或者睡个甜甜的觉。

生活其实很简单，累了的时候就休息，困的时候就睡觉，饿的时候就吃饭。当烦恼向我们袭来时，就想办法把它解决掉。

生活其实很简单，对待家人要多关心、多体贴，对待孩子要多些爱心，对待老人要多尽些孝心，对待爱人要多些理解，对待朋友要多些真诚。与人相处，诚心相待。

生活其实很简单，听从内心深处的呼唤：追求心灵所需要的快乐生活，这种快乐是心的宁静与安详。有自己的空间，不想打扰别人，也不想让别人打扰，在平淡寻常中保持一颗宁静的心。快乐着自己的快乐，幸福着自己的幸福！给自己留一份自由的空间！

生活其实很简单，过自己的生活，不要羡慕别人，别人再好，那是别人的，羡慕只能增加烦恼。学会善待自己，我们无法改变这个世界，但我们有能力改变自己。快乐是一种心态，是自己控制的，要有一种容人的胸襟。

生活其实很简单，简单就是美，房间里该扔掉的东西就尽情地扔掉，不要吝啬，很多东西摆在那里是多余，狠狠心把它扔掉，东西是一种累赘，简单的房间本身就给人一种很悠闲、放松的感觉。一切都是身外之物，该放下的就放下，该扔掉的就扔掉。

生活其实很简单，不要爱慕虚荣，不要和别人攀比，有滋有味地过自己的生活。保持一种良好的心态，不要让自己的心境受外界的影响，淡定从容，宠辱不惊，抛开一切的诱惑和迷茫。

生活其实很简单，有那么多你牵挂的人，也有那么多牵挂你的人！细心感受，学会理解和宽容。珍惜友情，学会放松，那样的话，你一定很快乐！你一定会有一个精彩的简单生活！

6

不为生活添加华而不实的点缀

生活本来很简单，是我们将它过得太繁杂了。

用简单的心去享受生活，

生活也就变得简单。

生活是复杂的，然而我们却能选择简单的生活方式。过于在意生活中的繁杂，那么生活就变得繁杂；万事看得简单一些，自然就能找到一种简单的生活方式。将万事看得淡一些，不要为自己的生活添加太多华而不实的点缀，那些只能成为生活的负累。

生活也好，感情也罢，看得简单，便是简单；如果时常担心忧虑，那么就感受不到幸福所在。不要为那些无谓的事情而忧虑，万事看开一点儿，也就自然、简单了，爱也好，生活也好，都会变得很简单。

人们总是弄不清楚什么才算幸福，于是总觉得自己离幸福还有距离，所以想尽办法去追求看不见的"幸福"，结果，这除了让我们的生活变得极其忧虑、复杂外，没有任何改善。其实，幸福就在我们身边，只要少一些忧虑，学会让内心满足，让自己的生活变得简单一些，就能把握住幸福。

从前有一个商人，他是别人眼中的成功人士，但他每天都不快乐，更是厌恶了城市的喧嚣。终于有一天，不堪重负的他放下了手中的工作，带着积蓄，为了寻找幸福的真谛而开始了四处游历的生活。

商人来到了一个非常落后的小村子里，那里的人们生活非常贫困，每天都要辛苦地劳作才能够勉强度日。孩子们没有上学的条件，几乎都要帮助家里干农活才可以维持生计。他在那里停留了一段时间，心中居然感受到了从未有过的幸福。那里虽然落后，却与世无争，民风也非常淳朴，没有钩心斗角，没有尔虞我诈，每天日出而作，日落而息。

商人每天白天都会到山坡上思考。虽然他想要追求这种幸福，也暂时放下了自己的一切，但是偶尔还是难免会想到自己的生意。

有一个放羊的小孩每天都在山坡上放羊。他穿得破破烂烂，但是每天都在山坡上看着自己的羊群，快乐地唱着牧歌。商人感到非常不解，便问小孩："你有想过你的明天吗？你放羊是为了做什么呢？"

小孩高兴地说："我将这些羊养大之后就能够卖钱，我一直在攒钱。"

商人又问："攒钱做什么呢？"

小孩开心地答道："等我长大就可以用攒下的钱娶老婆。"

"那娶老婆为的是什么呢？"

"生小孩。"

"生了小孩你希望他做什么呢？"

"放羊。"

商人觉得小孩子真的非常可怜，永远不知道外面的世界有多大，心中也只有这些，于是他对小孩说："如此这样的循环，那么你会一直过着苦日子。"

没想到小孩却一点儿难过的表情都没有，他说："可是我过得非常快乐呀。"听了小孩的话，商人陷入了沉思，他觉得他已经找到了幸福的真谛。

生活是忙碌的，以至于我们只知盲目地寻找，却忘记了自己一直想找的目标是什么。就像商人一样，生活中的忧虑已经让他无暇顾及其他，在放下了一切之后才找到了自己一开始所追求的东西。幸福不是一道题，无须进行精密的计算，看得简单一些，少一些忧虑，幸福自然就会来敲门。

生活是自己的，不要在乎别人如何看待，否则就会给自己的心加上太多的负累。生活中，我们需要的也很简单，如果过多忧虑，就会让我们觉得疲惫，难以支撑。

有一个年轻人，从小学习就很优秀，到了职场也是风生水起，但是他过得并不幸福。他希望做一个完美的人，但是生活总是不能如意。无论他怎么努力，公司仍然有人不喜欢他。虽然他尽可能做到完美，但是仍然不能和所有同事相处融洽。

年轻人怕自己的一个不小心就会让工作出现漏洞，被这些人算计，于是他每天都提心吊胆、小心翼翼。虽然工作成绩非常突出，但是他又怕这样会招来同事的忌恨，一直保持着紧绷的状态。终于有一天，他受不住了，长期这样地生活已经让他患上了很严重的神经衰弱症。医生建议他先放下手头的工作，出去放松一段时间，关于工作的一切都不要去想。

年轻人请了长假，收拾行李考虑着去哪里。他的妻子看到他大包小裹，连锅都放进行李中，就问他："你带锅做什么呢？"

年轻人说："不是所有地方都能有一个干净的用餐环境，我必须提前考虑好，以备不时之需。"他的妻子深知他的脾气，于是没有说什么，只是在他睡着以后偷偷将不必要的行李重新清理了。

在年轻人出发的时候发现行李少了很多。他非常焦躁，但是时间紧迫又要赶车，来不及重新收拾，他只好带着简单的行李出发了。临走时，他只来得及带上那口锅。

开始的时候，年轻人总是不能静下心来享受自己的假期。每到一个地方，他总是担心妻子而往家中打电话，或是给同事打电话问自己的工作。他完全没能享受他的假期，被忧虑所困的他决定提前回去工作。

在一个渡口，年轻人发现了船夫在树下闭目养神，他对船夫说："你不努力工作，到什么时候才能享受生活呢？"

船夫没有坐起来，只是睁开了眼，反问他："那你觉得我现在在做什么呢？"年轻人顿悟了。他看到船夫用疑惑的眼神看着自己手中的锅，才想起，这一路，他从来都没有用过这口锅。

生活其实很简单，却因为我们想得过多而变得复杂。就像这个年轻人一样，什么都想做到完美，于是使得自己越来越累，只为了迎合别人而活，没有时间享受自己的幸福。生活需要奋斗，同时也需要享受，心态平和一点儿，要求低一点儿，也就能离幸福更近一点儿。

生活中，我们不妨做一个船夫，简单地生活，在奋斗之后也别忽略了停下脚步享受生活。在享受生活的时候就要全身心地放松，不要去忧虑那些看不到的未知。在生活的旅途上，我们务必要做到轻装上阵，才能有足够的空间承载幸福。

第十章
用柔软的坚强对抗现实的残酷

现实也许总在不经意间给我们意外，令我们烦恼、痛苦，

然而，正因为如此，

我们才领略了生活的千般姿态。

你心柔软，却有力量，

用柔软的坚强对抗现实的残酷，

一定能抹去内心的阴影。

最大的烦恼源于想要的太多

月满则亏，水盈则溢，

懂得满足，才会常乐，才会幸福。

"知足者常乐"，这一成语的意思是说：知道满足，就总是快乐、幸福的，也就是说，人们只要安居乐业，丰衣足食，就能无忧无虑，幸福快乐。它告诫人们要安于已经得到的物质、利益、地位等。

我们常常对自己的境遇感到不满，认为自己不如某某人，这样，我们就会因为各种事情搞得自己心烦意乱，甚至压力重重。这一切都源于我们对生活不知足。

也许，我们觉得自己的职位不高，而去努力工作；也许，我们因为自己的钱太少，而去拼命挣钱；也许，我们对自己的住房条件不满意，而去争取更大一些的房子。也许，当这一切都实现后，又感到不满足，继续去努力获得一些更好的东西。当我们行将老去时，我们会叹息，我们拼搏了一辈子，为了生活过得好一些，可是到最后，我们并没有享受到我们的成就。

"知足者常乐"，它出自《老子》中的一句话："罪莫大于可欲，祸莫大于不知足，咎莫大于欲得。故，知足之足，常足矣。"古往今来，不知有多少人恪守这一箴言，一生平平安安、幸福美满；也不知有多少人不以为然，甚至反其道而行之，结果却一生坎坷，多灾多难。"不知足"是人的本性，"知足者常乐"就是针对人的这一"劣根性"所说的。

人的欲望是没有止境的。俗话说："当了皇帝想成仙。"人们为了追求更高的目标和享受而奔波忙碌、拼搏奋斗，这无可厚非。但是，社会和生活所能满足的欲望总是有限的。

酸、甜、苦、辣各有各的味道，知足才能常乐。在现实生活中，"足"是暂时的，而"不足"却是永恒的。如果一个人时时处处以"足"作为目标追求，那他得到的将是时时处处的"不足"；反之，如果一个人时时处处以"不足"对生活的事实予以理解和接纳，他对自己的感受就是时时处处是"足"的。

"足"和"不足"是对立的，但是，也是辩证的。知"不足"，所以，才知"足"；不知"不足"，所以，才不"足"。"不足"，才可以知足；不知足，便总是"不足"。足不足是物性的，知不知则是人性的。以人性驾驭物性，便是知足；让物性牵制人性，就是不知足。足不足在于物，非人力所为；知不知在于人，非贫富贵贱所左右。

1. 俭朴者知足

"俭朴"自古以来就是中华民族的传统美德，俭朴的生活方式使一个人的内心感到充实。有恬淡修养的人，他在物质上永远感到满足，所以，俭朴者时时都感到快乐，处处都觉得幸福，反之，物欲愈多，人想要享受和占有的欲望就愈大，随之带来的痛苦就愈多、烦恼也就愈多。

2. 惜福者知足

古人云："生在福中要知福。"珍惜福分的人，福常有余。暴殄天物的人，福常不足。只要知道无忧无虑的生活来之不易，只要知道还有人比自己生活得更辛苦，也就是俗话说的"比上不足，比下有余"，这就是一种难得的福分。只有抱持这种心态，你才不会小看这一福分，也不会浪费这一福分，更不会养成奢靡颓废的习惯。

3. 平淡者知足

人生最大的烦恼不在于自己拥有的太少，而在于自己所向往的太多。庄子云："其嗜欲深者，其天机浅。"就是说一个人的欲望多了，就缺少智慧与灵性，所以，一个人要时刻节制嗜欲，减少思虑，弃除烦躁，杜绝尘劳，省精保神，以平淡的心态对待生活的诱惑和干扰，让自己的灵魂安然于梦。但是，安守平淡，并不是不求进取，也不是无所作为，放弃追求，而是要以一种平淡的心态来对待人生。

人的一生如果对富贵看得淡，富贵就不可以动其心志；对名利看得淡，名利就不可动其心志；对生死看得淡，生死就不会动其心志……像这样的人生，就可以随运而行，因顺而往，随处而得，随遇而安，逍遥自在，时刻欢乐，时刻幸福！

② 有一种态度：认真但不苛刻

水至清则无鱼，

人至察则无徒。

在人生的路上，我们应该知道，幸福的定义是现实综合力量和人生目标的平衡。每个人都有自己确定的价值观，每个人都有人格和性情中的先天优势和不足，最重要的是看你以什么样的态度看待问题，以什么样的方法处理问题。名垂青史之人，也不是各方面都是优秀的，只不过他们的某一项成就足以让他们名留青史，而这些成就早已把他们身上的不足掩饰得恰到好处。

一位男士自认为完美，所以他刻意追求完美的女性来做婚姻伴侣，寻寻觅觅了多年，直到70多岁，牙齿都已经掉光了，仍然是毫无所获。

有位好友问他："经过这么多年，你跑遍世界各地，总该见到不错的人了吧？"

这位男士回答道："对！我曾经遇到一位完美的女士。"

朋友听了，兴奋地追问："那你向她求婚了没有？"

"我是向她求婚了，但是她拒绝了我，因为她也在寻找完美的另一半。"70多岁的"完美"男士很失望地说道。

世界上没有完美无缺的人。如果真有完美无缺的人，你若在他身边，也会觉得非常不适应。对照之下，相形见绌，自然会有一种无形的排斥和威胁。聪明的萧何，在刘邦的面前不时流露出一点贪婪的性情，就是想让刘邦对自己不设防范、不招猜忌。自己身上明明有缺点，还要刻意掩饰，就好像掩耳盗铃一样，不过是自欺欺人罢了。面对问题，不能一味地宽容、放任自流，但是也不能过于严厉，不能苛求。

优秀且完美的伟人只能出现在文学作品和民间传说中，即使是优秀者也是有缺点的。能够克服的缺点，就尽量改正，不要刻意让自己一切都做到尽善尽美，否则将适得其反。与此同时，我们也不能把目光只停留在伟人的缺点上，认为既然伟人如此，自己的缺点也不算什么，这样会使自己停止前进的脚步。对于某一件事情，我们只要尽力了，这就是最好的状态。事物都是具有两面性的，在某一种情况下，显现出来的是优势；在另一种情况下，可能就是劣势。因此，我们只能合理地把握自己的长处，勉励自己更豁达些，我们必须明白，没有每个细节都完美的伟人。

不管做什么，哪怕是重复千次万次，都不会让所有的人满意。孔子说："三人行，必有我师焉。择其善者而从之，其不善者而改之。"我们能够做的只是扬长避短。世界上没有完美的东西。正视自己的长处和短处，取他人之长补己之短，把自己的优点发挥至极致，你将会拥有精彩的人生。放宽标准，放松要求，容许自己有"不够好"的部分，允许自己有"需要改进"的地方。当你把要求世界是 100 分变成只要 80 分的时候，你的人生将变得更有趣、更有弹性。

人生苦短，如流星划过天际，为什么要一味地苛求完美呢？为什么不能去真正享受生活的快乐？为什么要人为地制造压力和烦恼？一个不懂得珍惜生活中的幸福，不去留意生命中种种美丽风景的人，即便是拥有再多的金钱和荣耀、再崇高的地位，他的一生也注定是痛苦和乏味的。浮华之后终归于沉寂，喧嚣之后终归于宁静，热烈之后终归于淡漠，混沌之后终于归澄明。生活平平淡淡、从从容容才是真。

都说认真的人最可爱，认真能让工作变得出色，能让生活变得精致，也能让人生变得幸福和充实，认真的态度是每个人都需要的，不管是在工作中还是生活里。然而，我们却看到不少人认真得近乎偏执，对自己苛求过多，导致人生过于沉重。

人的一生中，挫折、坎坷是难免的，痛苦和欢乐同在，烦恼与幸福共存，总之成功与失败是并存的。我们对成功苛求得越多，失败时痛苦也就会越深，这也是心理学中所说的智能越高，对苦闷的体验就越敏感。不能成为第一，就坦然充当第二；不能拥有伟大，就甘愿静守平庸，用轻松的人生理念主宰自己的快乐，又有何不可呢？

过于苛求往往还隐藏着偏执与自我压抑，导致身心俱疲。过于苛求自己的人通常感到自己的压力更大、更焦虑、身心更易疲惫，长期处在这种情绪下容易走上极端，不少人年纪轻轻就患上各种身心疾病，比如抑郁症。这就是过于苛求的结果。

俗话说："水至清则无鱼，人至察则无徒。"现实生活中，对人、对事、对自己都不宜过于苛求，否则会使自己生活在孤寂和焦灼之中。我们生活的目的在于发现美、创造美、享受美，不应该盯着完不成的极限、遥不可及的梦想折磨自己，最后，抓狂在自己的苛求中。

3

放下负重，生命可以不必如此沉重

为生命中的每一个过程，

都注满好心情。

生活的发展，社会的进步，使我们居住的空间不断扩大，使我们的视野不断开阔，可是我们却常常会有一种挤压感，一种身居哪里都被挤压得喘不过气来的感觉。不合时宜的感觉处处为难我们，迷乱了我们对生活的憧憬和热爱。一天天变化的人，一天天变化的社会环境，让我们觉得有些措手不及，我们渴望轻松和快乐，可是却往往找不到通向轻松和快乐的通道，只有沉重的感觉如影随形地跟着我们。

生活中越来越多的人觉得自己被实实在在的生活压得喘不过气来，甚至头晕眼花。实际上，快乐和幸福有时与物质无关，任何人都可以生活得悠闲、舒适，在过"简单生活"这一点上人人平等。拿破仑拥有普通人所追求的一切：荣耀、权力、财富，可是他却对人说："我一生中从未有过一天快乐的日子。"海伦·凯勒，一个又盲又聋又哑的女子却表示："我发现生命是如此美好。"可见，内心的平静和我们生活中的种种快乐并不在于我们身在何处，拥有什么，或者我们是什么人，而在于我们的心境如何。

有时我们的内心充满了紧张感，是因为我们对不可预知的未来充满了忧虑和恐惧，总担心有什么灾难会突然降临到我们头上。俗话说："天有阴晴圆缺，人有不测风云。"这就是说，现实要比人们想象的复杂得多，有时并不是你所遭遇的环境使你受到挫折，而是由于你自己的想象。一个人心里所想的，就是他将要遭遇的。

往往有许多事情，总是会超出人们的意料，超出人们的支配能力。试想：谁能预料到自己何时遭祸、何时得福呢？谁又能预料到自己何时健在、何时病倒呢？关键问题是：面对飞来横祸或莫名的病痛，你是从容平静、清心自然、乐观向上，还是慌恐惊悸、忧郁烦恼、悲观失望？

一位哲人曾说过："你来到人世间，要想活得潇洒，活得自在，活得快乐，应该有一种乐观向上的情怀。"有了乐观的情怀，面对任何危难就都不会恐惧，也不会忧郁烦恼。

有时我们觉得自己就像一台没有安全阀的锅炉，压力终于到了无法承受的程度，似乎突然有一天就会爆发——精神彻底崩溃。其实没有特别的原因，只是因为我们在生活的道路上遇到了挫折和坎坷，经历了失败或打击。既然生活的道路布满荆棘，那么前进的途中难免要受伤，生活中不可能永远一帆风顺，一定会有挫折和伤痛，这很正常，但是我们可以很快忘掉这些，然后继续昂首阔步地前行。

一个青年背着个大包裹千里迢迢跑来找无际大师，他说："大师，我是那样地孤独、痛苦和寂寞，长期的跋涉使我疲倦到极点；我的鞋子破了，荆棘割破双脚；手也受伤了，流血不止；嗓子因为长久的呼喊而喑哑……为什么我还不能找到心中的阳光？"

大师问："你的大包裹里装的什么？"青年说："它对我来说可重要了。里面装的是我每一次跌倒时的痛苦，每一次受伤后的哭泣，每一次孤寂时的烦恼……靠了它，我才能走到您这儿来。"

于是，无际大师带青年来到河边，他们坐船过了河。上岸后，大师说：

"你扛了船赶路吧!""什么,扛了船赶路?"青年很惊讶,"它那么沉,我扛得动吗?""是的,孩子,你扛不动它。"大师微微一笑,说,"过河时,船是有用的。但过了河,我们就要放下船赶路,否则,它会变成我们的包袱。痛苦、孤独、寂寞、灾难、眼泪,这些对人生都是有用的,它能使生命得到升华,但须臾不忘,就成了人生的包袱。放下它吧!孩子,生命不能太负重。"

青年放下包袱,继续赶路,他发觉自己的步子轻松而愉悦,比以前快得多。

原来,生命是可以不必如此沉重的。其实,人这一生能得到什么呢?只有过程,只有注满在这个过程中的心情。所以,一定要注满好心情。既然失败已经无可挽回,为什么不将注意力转移开来,将自身的强烈痛苦化为永恒的美好?何必苦苦执着于那些令自己不愉快的事物上,坚持做一个可歌可泣的悲剧英雄?一个人越是很多事能够放得下,他越是富有。

4
人生虽好,不能贪杯

欲望是树,

要定时修剪其不该长出的枝丫,

使其免遭夭折的命运。

茫茫人海,芸芸众生,其实也都在追逐着各自的"食物",有人为吃不到的"食物"而黯然神伤；有人为吃到了"食物"而欢呼雀跃；有人为吃到更多的、更好的"食物"而绞尽脑汁，甚至不惜以身试法。隋朝人王通有句名言，"廉者常乐无求，贪者常忧不足"。人一旦有了贪的欲望，放弃了清廉，就会在贪欲的泥沼中沉沦，直至坠入万劫不复的深渊。

王国维在《红楼梦评论》中说道："生活之本质何？欲而已矣。"这句话真切地道出了生活与欲望的关系，也说明了人与欲望的不可割裂性。不想当将军的士兵不是好士兵，打工仔想当老板，贫汉想当富翁，欲望激励着人们去拼搏、奋斗，所以才有那么多立志成才、艰苦创业、功成名就的英雄人物。

的确，欲望与生俱来，生命一开始，欲望就诞生了，饿了要吃饭，冷了要穿衣，这是人的本能欲望。根据心理学和社会学的研究，欲望是"人的个性倾向、人的能动性的源泉和动力"。就生命科学而言，欲望是生命的动力，使人类绵延生息不绝。同时，人的欲望的满足，也是生命消耗的过程。生命停止，则欲望消失。

正因为要不断满足内心的欲望，所以人类在不断追求更美好的生活。人类经由原始文明、农业文明进入工业文明之后，物质生产方式发生了根本性的变化，生活方式也不断地在随之改变。所谓生活方式即指人生存和发展过程中形成的生活态度、价值取向、消费模式、生活风格、社会心理、行为特征等。人类生活方式的演进，既有进步，也有弊端。弊端如：

1. 贪欲无限

一位哲学家说得好：由于创造出了剩余价值而诱发了享受的理念，由于追求享受而激发了贪欲与进取，由于贪欲与进取而产生了矛盾和冲突，由于矛盾和冲突而促进了科学技术的发展，由于科学技术的发展而创造出了更多的剩余价值，由于更多的剩余价值又激发了人们更高的享受欲望，如此循环往复以至无穷。无止境地占有财富和物品，是现代人生活的一大特点。

2. 消费无度

当人们的物质生活水平达到较高程度后，消费的目的开始发生变化，消费不再是一种物质性消费行为和物质生活过程，消费更是为了满足建构身份、建构自身以及建构与社会、他人的关系，以此体现自己的社会地位，更是交往和社会生活过程。

人是在欲望中生存发展的，正因为人有欲望，才会推动社会历史巨轮滚滚向前。但欲望对于人，过之则为恶，少之则为善。何为少？简言之，就是应在法度允许的范围内去满足。这就像用一把智慧的剪刀，去修剪那些歪枝斜杈——名欲、利欲、色欲、权欲。

欲望是树，我们为欲望也找一个园艺工人，定时地修剪不该长出的枝丫，使它不致遭遇夭折的命运。修剪的本身是痛苦的，修剪的结果是幸福的，修剪的初期是难看的，长期的修剪是美丽的，修剪的技术是精湛的，修剪的技艺是需要提高的，修剪的对象是难受的，修剪的人是需要毅力的，有时需要自己修剪，有时需要他人的帮助。

剪去狂躁，才能冷静从容处世；剪去虚伪，才会表里如一，实实在在做人；剪去谄媚，才能行直坐正，光明磊落，正义在胸；剪去物欲，可与梅为伍，品自高洁；剪去猥琐，可与松为伍，能傲霜雪；剪去自卑，可与山为伍，顶天立地。剪去这些歪枝斜杈后，就会有一颗平常心，心态平和静如云，轻看名利淡如菊，正直为人挺如竹，笑对坎坷韧如藤。

欲望是一柄双刃剑，恰当的、理性的、有节制的欲望就会演变成追求，可以为人生注入前行的动力，提高生活的质量，提升生命的高度；反之，一味地放纵自己的欲望，任由欲望失控、泛滥，就会让自己坠入万劫不复的深渊。所以，驾驭好自己的欲望，为自己的欲望备一把剪子，随时修剪那扩张、蔓延、非分的欲望。

5

成功就笑，失败就哭，自然而然地活着

人生之旅，

成功时就分享成功的喜悦，

失败时就享受失败的乐趣。

在日常生活中，我们常见到这样一种情况：有些人会因为某种缺陷，而觉得痛苦异常，有人因为个子矮而自卑，有人因为眼睛小而心烦，有人因为肥胖而发愁，等等。这些人往往只看到缺陷，而没有发现缺陷也是美的一部分。要求事事都尽善尽美，那是不可能的、不现实的。追求完美是我们进取向前的动力，但不能刻意要求任何事情都完美无缺。

追求完美有时是一种动力，促使我们朝最好的方向发展，但是绝对完美的事物根本就不存在，因此，如果你还在刻意地追求完美的话，请放弃这种想法吧！

完美主义者在做任何事情之前，都不能克服自己追求完美的激情和冲动。他们想把事情做到尽善尽美，这当然是可取的。但他们在做一件事情之前，总是想使客观条件和自己的能力也达到尽善尽美的完美程度然后才去做，因而这些人的人生始终处于一种等待的状态之中，结果就在等待完美中度过了自己不够完美的人生。

完美主义的人表面上都很自负，内心深处却很自卑，因为他们很少看

到优点，总是关注缺点，总是不知足，很少肯定自己，自己就很少有机会获得信心，当然会自卑了。不知足就不快乐，痛苦就常常跟随着他们，导致周围的人也一样不快乐。

人生确实有许多的不完美，但我们可以选择走出不完美的心境，而不是在不完美里哀叹。当我们缺少一些东西时，往往会有更完整的感觉。一个拥有一切的人，在某种意义上讲也是一个匮乏者，他永远不知道希望和梦想的感觉，永远没有自己最想要的东西被爱他的人给予的经历。

缺憾也是我们生命的一部分，为了一点点缺憾而否定自己，实在是一件很不明智的事。只有不为缺憾耿耿于怀，我们才能好好享受生活。人生就是充满缺憾的旅程，从哲学意义上讲，人类永远不满足自己的思维、自己的生存环境和生活水准，这就决定人类不断地创造和追求。没有缺陷就意味着圆满，绝对的圆满便意味着没有希望、追求，意味着停滞。人生圆满，人便停止了追求的脚步。

追求完美没有错，可怕的是追而不得后的自卑与堕落，即使缺陷再大的人也有其闪光点，正如再完美的人也有缺陷一样。只要我们能够充分发挥自己的长处，照样可以赢得精彩的人生。

人生之旅，不知要经历多少个寒暑，其实天气的寒暑易过，真正难过的倒是我们事业、生活、感情、学业等方面的"寒暑"。并且上天之造化弄人，注定每个人往往不可能终其一生都是一马平川、一片坦途的，在这种情况之下，我们要真正地认识生命、认识人生，作出最好的对策，那就是遵照洞山禅师所悟的理——顺其自然。

禅师说要与炎热、严寒浑然一体，要"顺其自然"，也即炎热时享受炎热的乐趣，寒冷时享受寒冷的乐趣。人生之旅，成功时就分享成功的喜悦，失败时就享受失败的乐趣（此种乐则要看你是否有宽广的胸怀、包容的心理、淡然的欲望），摒弃痛苦与绝望，时常保持旺盛的生命力与活力，保持一种恬淡快乐的心情，保持一种无欲无求、无拘无束、无挂无碍的坦然心境，成也是成，败也是败，做自己愿意做的事，吃自己爱吃的饭。如此心境，是何等洒脱，何等自在。

在炎热日子里，有的人暴躁不安，浑身不自在，请记住："顺其自然，心静自然凉。"失败的日子，有的人消沉颓废，以为世上再无阳光。我们对他说："顺其自然，做最真实的你！"人生的日子里，不管成败，要对自己说："顺其自然，不要苛求，欲望虽然会带来收益，但欲望也是带来罪孽的源泉。无所欲也无所求，不以物喜，不以己悲，你就会活得自然！"

带给他人多一些善意

一句温暖的话，

就像往别人身上洒香水，

自己也会沾到两三滴。

生活的空间，须借清理、删减而留出；心灵的空间，则经思考、感悟而扩展。重要的不是发生了什么事，而是我们处理它的方法和态度。假如我们转身面向阳光，就不可能陷身在阴影里。

当我们拿花送给别人时，首先闻到花香的是我们自己；当我们抓起泥巴想抛向别人时，首先弄脏的也是我们自己的手。一句温暖的话，就像往别人身上洒香水，自己也会沾到两三滴。因此，心存善意，脚走好路，身行好事，有道是"送人玫瑰，手留余香"。

光明使我们看见许多东西，也使我们看不见许多东西。假如没有黑夜，我们便看不到闪耀的星辰。即使是曾经一度使我们难以承受的痛苦、磨难，也可使我们的意志更坚定，思想、人格更成熟，因此，当困难与挫折到来，应平静地面对、乐观地处理。

不要在人是我非中彼此摩擦。有些话语称起来不重，但稍一不慎，便会重重地压到别人心上；同时，我们也要告诫自己，不要轻易被别人的话扎伤。

澳大利亚人尼克·胡哲天生患有"海豹肢症"，也就是说，他生下来就没有四肢。为了像正常人一样生活，他付出了比常人多几倍的努力，才终于像同龄孩子一样进入了学校。

在学校里，他不得不面对其他人异样的眼光，别的孩子不时对他进行讽刺、捉弄。

他说，有一次，在经历了无比糟糕的一天后，他绝望了。他想自己已经做出了那么多艰苦的努力，承受了那么多痛苦，为什么还是得不到别人的认可？自己从来没做过伤害别人的事，没必要过这种受人歧视，受人欺负的日子。他当时在心里想："我受够了，如果今天再有一个人这样对我，我就放弃所有的努力，我就自杀。"

这时，身后响起一个女生的声音："尼克！"

他心想："这一刻要来就来吧，尽情羞辱我吧，明天我就不存在了。"

他转过身，却意外地看到了一张和善的笑脸，那女孩对他说："你今天看起来好极了。"

很多年后，已经成家的尼克·胡哲说起这个瞬间依然激动得不能自已。这个女生用再简单不过的一句鼓励，在那个灰暗的日子里救了他一命。

221

在社会生活中，总有你不得不面对的人，但你却可以在面对他人时选择自己的态度，是做那些羞辱伤害、将别人推向深渊的人，还是做那个用鼓励和喝彩挽救他人的人。

在生活中，一定要让自己豁达些，因为豁达，自己才不至于钻入牛角尖，也才能乐观进取；还要开朗些，因为开朗的自己才有可能把快乐带给别人，让生活中的气氛显得更加愉悦。

心里如要常常保持快乐，那么千万不要计较人与人之间的琐事。有些人常常在烦恼，就因为别人一句无心的话，他却有意地接受，并堆积在心中，耿耿于怀。

美好的生活，应该是时时拥有一份轻松自在、潇洒自如的心态，不管外在的世界如何变化，自己都能有一片清静的天地。清静不在热闹繁杂中，更不在一颗所求太多的心中，放下挂碍、开阔心胸，心里自然清静无忧。

⑦

生活是公平的，有所得就会有所失

不要因为一次小小的失去而错过了前方更美的风景。

学会看淡，才能把握更多的精彩。

生活中的每一件事对于身在其中的我们而言，可能收获大于损失，也有可能是损失大于收获，还有可能得失相当。因此，我们有时必须得较这个真儿，但如果我们在每一件事的得失上都较真儿的话，我们将会活得很累。

人生福祸相倚，变化无常。年少气盛时，凡事斤斤计较还情有可原，当一个人年事渐长，阅历渐广，涵养渐深，对争取之事应看得淡些，凡事不必太计较得失，顺其自然最好。当然，如果年少时就能拥有这份豁达的心境，生活中必然会增加很多欢乐。

在人际交往过程中，如果总爱吹毛求疵，过分注重一些毫无价值的小事，不但会让别人难堪，也会使自己处于精神萎靡、心情恶劣的状态。这是一种浮躁的表现，这种不良的心理使得我们只顾眼下，不管将来，只计较细小的事情，心中无大事也无大量，只图自己一吐为快，从不考虑别人的感受。

莉娜是一名职业校对员，曾为出版社校对过不少书刊著作。莉娜工作认真负责，一丝不苟，在业界颇有些名气。

校对的工作做久了，在生活中，莉娜也经常会不自觉地检查单词拼写和标点符号是否准确。听别人讲话时，她也会想着对方的发音是否正确，停顿是否得当。

一天，莉娜吸到别人在朗读一首诗。正当她听到紧要之处时，那人居然读错了一个单词。莉娜顿时浑身不自在起来，一个声音在心里不停地回响："他错了！他竟然读错了！"之后，她再也不能专心地听人读诗，只为那读错的单词纠结。正在这时，一只苍蝇从莉娜的眼前慢慢飞过。

莉娜耳边突然响起了一句名言："不要因为一只飞虫而忽视了眼前美丽的风景。"对呀，怎么能因为一个小小的错误而忽视整首诗呢？莉娜突然如醍醐灌顶一般，大彻大悟。

人生中的一些事，有时必须要较真儿才能成功，但不可太较真儿，尤其不能在得失上过分计较。人们的交往是相互的，你表现出一分敌意，对方可能就会还你二分；然后你递增到三分，他又会还回来六分……一来二去，本来小小的矛盾就演化成了深仇大恨。不如在矛盾初起时就把敌意变成善意，少一分计较，究竟谁多得一分、谁少得一点儿有多重要？当"冤冤相报何时了"的双负能成为"相逢一笑泯恩仇"的双赢时，你的人生才会充满快乐，你生活中的每一刻对你而言都是美妙的。

　　有一个答题赢大奖的电视节目，一位选手一路过五关斩六将，顺利答到了第九题。而此时，他已经没有机会再排除错误答案，也没有机会打热线给朋友，更不能向现场观众求助。答完第九题，他已经把最初设定的家庭梦想都实现了。这时主持人微笑着问："继续吗？"他深深地看了一眼台下怀有身孕的妻子，干脆地回答："不，我放弃！"

　　当时，主持人一愣，现场也都一片哗然。因为很少有人会在这个节骨眼放弃，而且这可是现场直播呀，全国观众都盯着他，他怎能说放弃就放弃呢？别人又会怎样看待他的"退缩"？但他似乎心意已决，主持人十分惋惜地连问了三次："真的放弃吗？你确定不会后悔吗？"他依然点头，坚定地说："真的放弃，我不会后悔，因为应该得到的已经得到了。"这样，他就只回答了九道题，实现了自己的家庭梦想，却没有向终点发起冲击。

　　这时，另一位主持人依然不放弃，又激问他："如果将来你的孩子长大了，看到了这期节目问你那天为什么放弃了，你会怎么说？"他说："我会告诉孩子，人生不一定要走到最高点。"主持人追问："那你的孩子如果说他以后只考80分就满足了，你怎么说？"答题者微笑着回答："如果孩子不觉得难过，而且也确实付出了应该付出的努力，那么我认同！"

　　台下掌声雷动。

显然，大家都被他这种在得失面前所保持的那一份淡定从容打动了。有时候，适时地放弃并不是退缩，而是一种冷静的智慧、一种成熟的象征。成熟并不意味着你更加懂得去珍惜什么，而是你更加明白适时放弃的重要性。得失之间，淡定才是美。

享受当下的人懂得适时放弃，懂得超脱！生活也需要"有所为才能有所不为"，因为有所得，就必有所失。不要妄想有求必应，上帝不会那么眷顾你、满足你。如果你太过自信，只能成为生活的弱者。你要想得到更多，就必须要放弃某些东西。俗语常说："盲人的耳朵最灵，是因为眼睛看不见。"的确如此，因为眼睛失明，他必须竖着耳朵听，久而久之，耳朵的功能得到了超常的发挥。对于耳朵来说，这样的得到就大于失去。生活中也一样，当你追求的某种功能充分发挥时，其他功能就可能退化。因为生活是公平的，有所得就会有所失，所以，不要过分计较得失，相信生活会给你最圆满的答案。

第十一章
世界的样子取决于我们的态度

有一颗什么样的心，

就会拥有一个什么样的世界：

感恩的人，眼中就有一个美好的世界；

宽容的人，眼中就有一个平和的世界。

1

学会说谢谢，便能发现世间的美好

感恩，

是一种歌唱生活的方式，

它来自对生活的爱与希望。

感恩是一种处世哲学，也是生活中的大智慧。一个智慧的人，不应该为自己所不具备的斤斤计较，也不应该一味索取和使自己的私欲膨胀。每天怀有感恩地说"谢谢"，不仅仅会使自己有积极的想法，也会使别人感到快乐。在别人需要帮助时，伸出援助之手；而当别人帮助自己时，以真诚的微笑表达感谢；当你悲伤时，有人会抽出时间来安慰你。总之，这些小小的细节都是一颗感恩的心。

一次，美国前总统罗斯福家失窃，被偷去了许多东西。一位朋友闻讯后，忙写信安慰他，劝他不必太在意。罗斯福给朋友写了一封回信："亲爱的朋友，谢谢你来信安慰我，我现在很平安。感谢上帝：因为第一，贼偷去的是我的东西，而没有伤害我的生命；第二，贼只偷去我部分东西，而不是全部；第三，最值得庆幸的是，做贼的是他，而不是我。"

对任何一个人来说，失窃绝对是不幸的事，而罗斯福却找出了感恩的三条理由。

在现实生活中，我们经常可以见到一些不停埋怨的人，"真不幸，今天的天气怎么这样不好"、"今天真倒霉，被老师训了一顿"、"真惨啊，丢了钱包，自行车又坏了"、"唉，宿舍的阿姨真啰唆"……这个世界对他们来说，永远没有快乐的事情，高兴的事被抛在了脑后，不顺心的事却总挂在嘴边。每时每刻，他们都有许多不开心的事，把自己搞得很烦躁，把别人也搞得很不安。

其实，上面所抱怨的是日常生活中经常发生的一些小事情，只是明智的人一笑置之，因为有些事情是不可避免的，有些事情是无力改变的，有些事情是无法预测的。能补救的则需要尽力去挽回，无法改变的只能坦然受之，最重要的是，要学会感恩，常怀有一颗感恩的心，做好当前应该做的事情。

感恩是一个人与生俱来的本性，是一个人不可泯灭的良知，也是现代社会成功人士健康性格的表现。一个连感恩都不知晓的人，必定是有一颗冷酷绝情的心，也绝对不会成为一个对社会做出贡献的人。感恩，是一种对恩惠心存感激的表示，是每一位不忘他人恩情的人萦绕心间的情感。学会感恩，是为了擦亮蒙尘的心灵而不致麻木；学会感恩，是为了将无以为报的点滴付出永铭于心。譬如，我们要感恩于为我们的成长付出毕生心血的双亲，感恩于辛勤教育我们的老师，感恩于耐心照顾我们生活的阿姨……

感恩不仅仅是为了报恩，因为有些恩泽是我们无法回报的，有些恩情更不是等量回报就能一笔还清的，唯有用纯真的心灵去感动、去铭记，才能真正对得起给你恩惠的人！

感恩是一种处世哲学，是生活中的大智慧。人生在世，不可能一帆风顺，种种失败、无奈都需要我们勇敢地面对、豁达地处理。这时，是一味地埋怨生活，从此变得消沉、萎靡不振？还是对生活满怀感恩，跌倒了再爬起来？英国作家萨克雷说："生活就是一面镜子，你笑，它也笑；你哭，它也哭。"感恩不纯粹是一种心理安慰，也不是对现实的逃避，更不是阿Q的精神胜利法。感恩，是一种歌唱生活的方式，它来自对生活的爱与希望。美好的世界只存在于感恩者的眼睛里。

2

最珍贵的不是"得不到"和"已失去"

感激现在所拥有的，

并用心去珍惜它。

世间最珍贵的不是"得不到"和"已失去"的，而是现在能把握的幸福。珍惜现在拥有的一切！是现在，不是过去，也不是将来。只有把握好现在，才能拥有无悔的过去和有方向的未来。我们要珍惜现在拥有的一切，贫也好，富也好，悲也好，乐也好，我们都怀着一颗感恩的心，好好生活，珍惜现在拥有的一切。

人生没有彩排，每天都是现场直播。珍惜现在拥有的一切，享受人间的美好生活。如果说，你曾经在生死线上挣扎过，你必将对生命有了重新的审视和认识。你无法预知自己的未来，也不确定明天会怎样，你必会将此刻生命中所拥有的一切作为珍贵收藏，此时生命的意义会让你知道：请珍惜现在拥有的一切！

人生有悲欢苦乐、离合聚散、变化无常，我们要把握住人生，积极进取。要珍惜现在所拥有的一切，不要被心中的贪念所迷惑。那种因为贪念而放弃现在所拥有的事物的人，其实是最愚蠢的。

上天赐给人的生命非常短暂，因此，生命是最珍贵的。决定幸福的是心情，有个好的心情，才能创造出有意义的人生和丰富多彩的生活，也不枉来人世间走一回。有时候，一转身就是一辈子。有些人一直没机会相见，等有机会相见了，却又犹豫了，相见不如怀念。有些话埋藏在心中好久，没机会说，等有机会说时，却说不出来。有些爱一直没机会去表白，等有机会了，已经不爱了。有些爱给了你很多机会，你却不在意、没在乎，想重视的时候已经没机会了。也许你很幸福，因为找到了你爱的人；也许你不幸福，因为可能你这一生就只有那个人真正用心在你身上。不管结果如何，我们还是把那份爱珍藏在心底，默默地祝福。

尽管古人说："谁道人生无再少，门前流水尚能西！休将白发唱黄鸡。"的感慨，但毕竟是人老力衰，精力不济，即使再去努力，也没有年轻时的效率高了。现在有人说："人不是要活到老、学到老吗？时间长着呢，也不在眼下的一时一刻。"我们不否认人在任何时候都可以学习，可我们为什么要把我们的青春白白浪费掉呢？我们现在应抓住每一分、每一秒的时光，以免到你满头银发的时候，发现自己已是青春不再，幡然省悟，却追悔莫及，后悔自己白白浪费了自己的生命，一生碌碌无为。再想回到以前青春年少，从头再来，你还能做得到吗？当你双手颤抖拿不动笔的时候，当你老眼昏花看不清东西的时候，当你耳朵听不到声音的时候，你还能像现在这样活力四射、不知疲倦吗？到那时徒唱"黑发不知勤学早，白首方悔读书迟"还有什么意义呢？

你可能喜爱你从事的这份工作，也可能不在乎这份工作，但你能够得到这份工作，就应该珍惜这份工作，你可以不在乎这份工作，可能凭借你的能力会找到更加适合的工作，但只要你现在还在做这份工作就要珍惜这份工作，因为这不仅是谋生的手段，更是展示你的才华、放飞理想的地方。

生活中可能存在许多的不如意，你满可以不去在乎这些事，但你必须珍惜这些不如意，因为它们让你的生活更精彩。一位心理学家说："你对待不如意千万不能生气，更不能赌气，最好的对待办法就是要争气。"珍惜这些不如意，从中得到鞭策和鼓励，然后更加好好地生活。

荣誉和误解，也是我们在工作和生活中经常遇到的问题。不必在乎这些荣誉和误解，它们毕竟实实在在地存在着，存在就有它合理的道理。我们应该珍惜荣誉，它是对我们过去的一种肯定；更应该珍惜误解，从别人的误解中找出自己的不足，使我们的头脑更为清醒。

无论如何，我们可以不必在乎周围的评价，但是必须珍惜现在拥有的一切，好的、不好的，令人欢喜的、令人忧愁的都要珍惜。

3

用感恩的态度虔诚地生活

懂得了感恩，学会了感恩，

每个人都会拥有无限的快乐和一生的幸福。

中华民族自古以来就有感恩的优良传统。"羊跪乳，鸦反哺。"感恩是一种和谐的反哺文化，假如人人学会了感恩，人与自然之间、人与人之间、人与社会之间会更加和谐、更加亲切。"感恩意味着一种责任。"感恩，说明一个人对自己与他人、社会的关系有着正确的认识；报恩，则是在这种正确认识之下产生的一种责任感。没有社会成员的感恩和报恩，很难想象一个社会能够正常发展下去。

在感恩的氛围中，人们对许多事情都可以平心静气；在感恩氛围中，人们可以认真、务实地从最细小的一件事做起；在感恩的氛围中，人们自发地真正做到严于律己、宽以待人；在感恩的氛围中，人们正视错误，互相帮助；在感恩的氛围中，人们将不会感到孤独。

懂得感恩的人，才是真正成熟的人。懂得感恩的人，才是内心充满爱的人。懂得感恩的人，才是令人敬佩和尊敬的人。感恩，不仅是一种礼仪，更是一种健康的心态，感恩能折射出社会文明的进程，让我们每个人都常怀一颗感恩之心，常做报恩之事，常有施恩之德！

人的一生中，小而言之，从小时候起，就领受了父母的养育之恩，等到上学，有老师的教育之恩，工作以后，又有领导、同事的关怀、帮助之恩，年纪大了之后，又不免要接受晚辈的赡养、照顾之恩；大而言之，作为单个的社会成员，我们都生活在一个多层次的社会大环境之中，首先都从这个大环境里获得了一定的生存条件和发展机会，也就是说，社会这个大环境是有恩于我们每个人的。

"感恩"是一种对恩惠心存感激的表示，是每一位不忘他人恩情的人萦绕心间的情感。学会感恩，是为了擦亮蒙尘的心灵而不致麻木；学会感恩，是为了将无以为报的点滴付出永铭于心。譬如感恩于为我们的成长付出毕生心血的父母双亲。

感恩是一种生活态度，是一种品德，是一片肺腑之言。如果人与人之间缺乏感恩之心，必然会导致人际关系的冷漠，每个人都应该学会"感恩"，这对于现在的孩子来说尤其重要。现在的孩子都是家庭的中心，他们有的只知爱自己，不知爱别人，所以，要让他们学会"感恩"，其实就是让他们学会懂得尊重他人，对他人的帮助时时怀有感激之心。感恩教育让孩子知道每个人都在享受着别人通过付出给自己带来快乐的生活。当孩子们感谢他人的善行时，第一反应常常是今后自己也应该这样做，这就给孩子一种行为上的暗示，让他们从小就知道爱别人、帮助别人。

常怀一颗感恩之心，才能知道亲人、社会、组织和他人对自己的好，才能产生替别人、替社会、替组织着想的潜意识和自觉性，也才能增强回报他人、回报组织、回报社会的责任感和使命感；常怀一颗感恩之心，才能宽仁厚德，心地善良，才能做一个高尚的人、纯粹的人、脱离了低级趣味的人，有益于社会和人民的人；常怀一颗感恩之心，才能胸襟开阔，有容人之雅量，才能真诚坦荡，做知心之朋友，也才能克己自律，珍惜所拥有的一切了；常怀一颗感恩之心，才能团结人、凝聚人，才能产生亲和力、影响力，才能有高尚的人格魅力。

感恩可以消解内心的所有积怨，可以涤荡世间的一切尘埃。感恩是一种做人的原则，是一种处世的哲学，更是一种生活的智慧。懂得了感恩，学会了感恩，每个人都会拥有无限的快乐和一生的幸福。

4

学着理解，然后包容

包容，让世界充满爱，

让人与人之间少了隔膜，

少了猜忌，少了仇恨。

"人非圣贤，孰能无过？过而改之，善莫大焉。"当别人犯错时，需要我们以包容的心态来审视别人的错误，谅解别人的无意过失，接受别人诚恳的认错。一个人的一生是漫长的，人生道路是坎坷的、曲折的，一不小心就会误入歧途。这时需要你的包容来感化他，引领他走向正确的道路。

学会包容，才能更好地为自己铺就一条平坦而又多姿多彩的道路。俗话说得好，"多一个朋友多一条路，多一个仇人多一堵墙"。人因为包容而为自己消除一些烦恼，为人生增添一些色彩。对抗有时只能是两败俱伤，只有包容才能共同发展。

在人际交往中，由于每个人所受的教育程度不同、社会环境影响不同、所参与的社会活动不同，所以，要想学会"包容"，就要先学会"理解"，也只有学会理解他人才能做到"包容"。"理解"与"包容"，一种是理智上的认识，一种是行为上的行动，二者应融为一体。时刻注意尊重他人是包容，看大局而不去计较小节是包容，有时对一些无知者的原谅与迁就也是一种包容，年长者对孩子的无知行为不去计较是另一种包容，这就说明包容会呈现出不同的积极效果。

现实生活中存在一些不和谐的现象，比如朋友间的误会、同事间的纠葛、邻里间的口角、夫妻间的争吵等。如果人与人之间能够互相包容、忍让，这些不必要的误会、矛盾、摩擦就可以避免，世界就会充满爱，人与人之间就少了隔膜，少了猜忌，少了仇恨。

两个从战场上下来的战士，在森林中迷失了方向。两个战友在互相鼓励和安慰中艰难地跋涉着。他们的食物只有一只打死了的鹿。艰难度过几天之后，鹿肉已经所剩不多了。这一天，他们在森林中遭遇了敌人，两个战士在极端的疲惫中准备战斗。这时候，突然一声枪响传来，走在前面的战士中弹倒地。后面的战士惶恐地跑来，抱着受伤的战友泪流不止，撕下衬衣包扎他受伤的肩膀。两个人在森林中躺了一夜，尽管饥渴难耐，但是谁也没有去动那一点儿鹿肉。朦胧中，未受伤的战士在喃喃地呼喊着母亲的名字。

30年后，受伤的战士安德烈说："当我的战友前来抱住我的时候，我碰到他的那支枪管是热的，顿时就明白了是他开的枪。当时我不明白，为什么生死与共的兄弟会下如此毒手。但是，当我晚上听到他在喊母亲的声音时，才知道我的朋友是为了母亲而努力活下来的，也是为了母亲才向我开枪的。战争的残酷使他不得不如此，所以我也就原谅他了。此后的几十年里，这件事我从来没有开口提起过。终于有一天，他跪下来请我原谅他，我却阻止了他向我忏悔。因为这件事的根源，就是那场惨无人道的战争。我宽容了我的朋友，也得到了一份几十年的友谊。"

包容，不仅是一种美德，也是一种涵养，它不仅产生和谐，而且产生凝聚力。让我们共同努力，多一些包容，多一些关爱、尊重，让社会变得更加和谐，让世界变得更加美好。

有人认为"包容"是人的一种心态，这只是片面的认识。一个人在社会交往中学会包容，不是一件简单、容易的事情。包容是以社会道德观念做基石、以礼貌的形式对待和处理事物，是对"礼"的一种超越，但是所谓的包容不是对任何事物都需忍让，不分青红皂白地容纳其存在，包容是有原则的。学会包容还要考虑前提条件和对待事物的心态，这与迁就、无条件服从是有原则性的区别的。

同样的生活，为什么你总有那么多抱怨

眼前的困难，不会成为你一辈子的障碍。

坚持一下，总会遇到晴天。

生活中充满了不如意，我们习惯了抱怨，我们常说或听到"某某的工作好轻松"、"某某某怎么那么走运"等抱怨命运的不公，抱怨生不逢时，抱怨造化弄人。在抱怨中，我们却对自己拥有的幸福熟视无睹、不懂珍惜，单纯地放大缺憾；在抱怨中，患得患失、斤斤计较，把感恩的心态越抛越远。

大多数人都会觉得抱怨是很好的发泄工具，可以在挫折或面临困难的时候放松自己的心情，然而却往往忽略了这种情绪对自己的消极影响。当然，我们都不是圣人，不抱怨是不可能的，我们能做到的是减少抱怨。过多的抱怨会让我们对工作丧失起码的责任心。提及抱怨与责任，有位企业领导者一针见血地指出："抱怨是失败的一个借口，是逃避责任的理由。这样的人没有胸怀，很难担当大任。"

在工作中，有时候我们是可怜的"受气包"和无奈的"变形金刚"，忍无可忍也须忍耐，改变自身以求容身。正如法国思想家卢梭所言："忍耐是痛苦的，但它的果实是甜蜜的。"

一个秀才进京赶考，他梦到自己在墙上种白菜。算命的人为他解梦说：

"高墙上种菜那不是白费劲吗？"劝他还是回家算了，秀才听后心灰意冷。

后来，有位店老板听到梦后乐了："墙上种菜不是高种（中）吗？"秀才于是振奋精神参加考试，居然高中了。

同样，杯子里只有半杯水了，一个人看见会说："哎，只有半杯水了。"而另外一个人则说："啊，还有半杯水呢！"其实，事物都有其两面性，关键就在于当事者怎样去看待它们。这就是对待事物不同的心态，前者是抱怨而悲观的，而后者则是感恩而乐观的。

是的，一个人面对失败所持的心态往往决定他一生的命运。积极的心态有助于人们克服困难，使人看到希望，保持进取的旺盛斗志；消极的心态使人沮丧、失望，对生活和人生充满了抱怨，自我封闭，限制和扼杀自己的潜能。

不要抱怨玫瑰有刺，要为荆棘中有玫瑰感恩。没有一项工作是完美的，也没有一项工作会让一个人完全满意，我们做不到从不抱怨，但我们应该让自己少一些抱怨，多一些积极的心态去努力进取。

不可否认，人生的确有不少磨难，生活的五味瓶里，除了甜，再没有什么是人们向往的，可酸咸苦辣又是生活中不可或缺的，它们能够丰富我们的人生。人生需要苦难的洗礼，正是因为那些磨难，我们才能在挫折中找到自己的不足，才能逐渐完善自己。

眼前的困难，不会成为你一辈子的障碍，所以，即使面临困境，也不要因此悲观、落泪，坚持一下，总会遇到晴天。生命，是苦难与幸福的轮回，只要我们在逆境中也能坚守自己的信念，再苦也能笑一笑，再委屈的事情也能用博大的胸怀容纳，那么，人生就没有过不去的坎儿。

当我们走出生活的阴霾，用乐观的心重新打量这个世界的时候，我们就会发现，原来不是生活不美好，而是我们一直在抱怨中扭曲了生活。我们应该学会感恩，学会与人分享，学会在残缺中品味快乐，在逆境中感受幸福。

6

你的情绪决定了事情的结果

转过愤怒的拐角,

就是宽容和快乐的大道。

如今的社会是个快节奏的时代,每个人所要面对的人和事也越来越多,这就决定了我们要以不同的方式和心态去应对。怎样才能游刃有余地处理好现实中碰到的种种问题呢?这就要保留一块平静而独立的空间,以"不变"应"万变",并进行适当的情绪调控才是最好的策略。

我们每天都要有一个好心情,做到心平气和,否则迎来的又将是失败的一天。一种心情,一种风景!弱者是让思绪控制行为,强者是让行为控制思绪。每天醒来,当你被悲伤、自怜、失败的情绪包围时,我们就这样与之对抗:沮丧时,引吭高歌;悲伤时,开怀大笑;苦闷时,加倍工作;自卑时,换上新装;穷困潦倒时,想象未来的富有;力不从心时,回想过去的成功。心情直接决定了每个人处理事情时的心态。

所以,任何一个有理智的人都要让自己的行为控制思绪,绝不能让思绪逍遥法外,嚣张地在自己的空间内狰狞地狂笑,而是要尽自己的所能去操控和把握情绪,使之乖乖地束手就擒!

从前,在一个水池里,住着一只坏脾气的乌龟,它和来这里喝水的两只大雁成了好朋友。

后来，有一年，天旱了，池水干涸了。乌龟没办法，只好决定搬家，它想跟大雁一起去南方生活。但它不会飞，于是两只大雁找来一枝树枝，叫乌龟咬着中间，大雁各执一端，它们吩咐乌龟不要说话，然后就动身高飞。

它们飞过翠绿的田野，飞过蔚蓝的湖泊。地上的孩子们看见，觉得这个组合很有趣，拍手笑起来："你们看呀，那只乌龟很滑稽啊。"乌龟本来得意扬扬的，听到嘲笑后大怒，就想开口责骂他们，可是，它的口刚一张开，它就跌下来，碰着石头死去了。

大雁叹气说："坏脾气多么不好呀。"

实际上，情绪一坏，一个人就在心理力量上被解除了武装。更有甚者，坏情绪甚至会伤害别人，而永远无法复原。

有一个男孩，很任性，常常对别人发脾气。一天，他的父亲给了他一袋钉子，并告诉他："你每次发脾气时，就钉一颗钉子在后院的围墙上。"

第一天，这个男孩发了 37 次脾气，他钉下了 37 颗钉子。慢慢地，男孩发现控制自己的脾气要比钉下一颗钉子容易些，所以，他每天发脾气的次数就一点点地减少了。终于有一天，这个男孩能够控制自己的情绪，不再乱发脾气了。

父亲告诉他："从现在起，每次你忍住不发脾气的时候，就拔出一颗钉子。"过了许多天，男孩终于将所有的钉子都拔了出来。

父亲拉着他的手，来到后院的围墙前，说："孩子，你做得很好，但是现在看看这布满小洞的围墙吧，它再也不可能回复到以前的样子了。你生气时说的伤害别人的话，也会像钉子一样在别人心里留下伤口，不管你事后说了多少对不起，那些伤痕都会永远存在。"

人与人之间常常因为一些彼此无法释怀的坚持而造成永远的伤害。如果我们都能从自己做起，开始宽容地看待他人，相信你一定能收到许多意想不到的结果。帮别人开启一扇窗，也就是让自己看到更完整的天空。

⑦ 相信自己，也要相信别人

仅相信自己是不够的，

我们还应当相信别人，

多听取他人的意见。

在生活中，你是否产生过这样的疑问：我该相信谁的话呢？是否问过自己：是相信别人重要，还是相信自己重要呢？实际上，相信别人与相信自己同样重要。我们既不能固执、自傲，也不能懦弱、毫无主见，因此，我们既要相信自己，又要听取别人的意见。

相信自己对一个人的成功有重要作用。有的人对父母言听计从，父母要他学什么，他就学什么，自己毫无主见。但是，你生下来难道是为父母而活的吗？外面的世界很精彩，你不可能永远生活在父母的保护下，总有一天你要离开父母，走上社会；总有一天你的父母会去世，他们就无法再告诉你该如何去做。你必须相信自己，把自己投入社会中去锻炼、去摸索，只有这样你才能在社会中体现真正的自我，才能做一个对社会有用的人。如果缺乏自信，你就无法体味人生的真谛，总认为自己不如别人，那么在竞争激烈的今天，你就必然被社会所淘汰，成为一个无用之人。现实中因为充满自信而取得成功的例子数不胜数，如杨利伟，作为一名飞行员，如果他对自己不够自信，怎么可能沉着地走入太空船，成为中国的"太空第一人"？因此，我们应当拥有自信，相信自己是最棒的。

但是仅仅相信自己也是不够的，我们还应当相信别人，多听取他人的意见。俗话说："金无足赤，人无完人。"人生路如此漫长，没有谁能保证自己完美无缺、不犯错误，总会遇到一些小挫折、小坎坷，只要及时发现并改正，你就可以做到尽量完美。这个时候，光靠自信是远远不够的，这时必须多听取别人的意见，汲取别人的经验、教训，这样就能更好地克服重重困难。

相信别人是一种良好的品质。如果总是怀疑自己身边的人，你可能怎么了，他可能怎么了，这样也就得不到别人的信任。只有对别人真心信任才会成功，你如果托付别人做一件事情，今天怀疑别人故意拖延时间，明天又怀疑他故意没办好，这样，自己不得安宁，别人也不开心。

有人说："当局者迷，旁观者清。"于是，他便相信别人，让别人决定自己的一切。有人说："只有自己才最了解自己。"于是闭目塞听，在错误的泥潭中越陷越深。相信自己与听取别人意见看似是不可统一的矛盾双方，但二者却有统一的一面，它们正如我们的左臂与右臂，缺一不可。在竞争激烈的今天，我们既要相信自己，又要相信别人。

相信自己，是对自己的充分肯定，是对自己能力的认同。一个连自己都不相信的人，又能相信谁呢？当自己有着清醒、理智的认识时，就应当"走自己的路，让别人去说吧"。

然而，凡事都有限度，"过犹不及"。我们在相信自己时，也要相信别人。这是由事物的多变性与自我局限性决定的。很多时候，我们的目光被局限在一个狭小的范围内，"鼠目寸光"而又"自以为是"，这时别人多角度的观察、评价更具客观真实性，我们要相信别人。

"金无足赤，人无完人"，谁都不能夸口自己是完美的，代表亘古不变的真理；同时，人也不会一无是处，因此我们既要相信自己，也要相信别人。在"胸有成竹"时相信自己，在"迷茫怅然"时相信别人，让二者相互配合、相互补充，你会拥有精彩的人生。

8
善待他人，就是善待自己

你用什么样的眼光看别人，

别人就会用什么样的眼光看你。

我们总想着得到更多，却从未想过，不付出哪有收获？都是一些小小的情感付出而已，于我们而言根本就是轻而易举、举手之劳的事情，为何就那么吝啬，不屑于去做？不管你在人生的舞台上多成功、多有能力，只要是人，就总会有求人的时候。闭门羹我们都"吃"得不少，你把你的大门对别人关上，当有一天你需要别人帮助时，别人的大门也会对你关上。不要责怪别人，先检讨一下自己，你有善待过别人吗？

一个在外打工，好几年才回家一次的男孩，当他深夜坐车回到家乡路口，路见一陌生男子被车撞倒在地，肇事司机早已逃走。急于回家的愿望让男孩打算离开，忽转念一想，伤者的家人是不是也会像自己父母那样在等待他的归家？于是他把那人送到了医院，那人因此得救。后来，才得知那人竟是他几年未曾见过一面的亲戚。幸亏他当时没有袖手旁观，否则到最后于他将会是一生一世的悔恨和内疚。

由此可见，你善待了别人，生活也会善待你。你无意中做了一点点的善事，有时往往可以让你得到意想不到甚至是十倍、百倍于你付出的收获。人与人之间是相互的，你想别人怎么对你，你就怎么对别人；同样，你不想别人怎么对你，你也就不要怎么去对别人。"己所不欲，勿施于人。"如果我们每一个人都可以这么想、这么做，人与人之间的相处就简单、容易得多。

当你尊重别人，别人就会尊重你；你重视别人，别人也才会重视你；你礼貌待人，别人也会礼貌待你；你热情待人，别人也会热情待你。而这与身份、地位等外界因素丝毫无关。

从别人身上可以找寻到自己的影子，让你更清楚地看到自己的不足，并及时加以改正和完善。当你身上的某些缺点在别人那里也存在时，你是用怎样的眼光看别人，就会知道别人也是用怎样的眼光看你。也会知道，你在别人心目中占什么分量，是受欢迎还是不受欢迎，而且这也可以让你对于别人不经意间的犯错抱一种理解与宽容的态度。

从别人身上也可以映现出你自己的为人，让你看清楚自己属于哪一类人。看看你身边的人，是好人居多还是坏人居多？如果你认为是坏人居多，可见你不见得会是一个多好的人，有言道"臭味相投"，说的就是这个道理；如果你认为是好人居多，可见你也不见得会是一个多坏的人。清者与浊者总是难以混在一起，黑白分明总有它的界线。人们不常说"物以类聚，人以群分"吗？说的也就是这个道理。由此可以反映出一个人的生活状况、周围的人群、人际关系等处于哪一个层次位置。

善待别人，其实就是善待自己。你想别人怎么对你，你就怎么对别人。

如果说冤冤相报何时了，不如让这爱长存人间，让世界到处都有爱的踪迹。曾经帮助过你的人们，你可曾还记在心上，满怀感激与祝福？人生旅途中一路走来，有多少默默无闻的目光在背后关注着我们，有多少双期待的眼神在看着我们。这些你都记住了吗？收藏起来了吗？也许我们活在这世界上都是一匆匆过客，有如沧海一粟，微不足道。永远也不要想着让别人来记住你，但是我们要记住别人，把那份爱珍藏在心底，直到天荒地老、海枯石烂。

第十二章
一切都是最好的安排

谁都不会错失真正的太阳，

毕竟，无论阴霾如何肆虐，太阳总会重新出现。

可那些如同阳光一般平凡的情感，

一旦失去，就再也不会回来了。

所以，请珍惜这份最美好的感情。

别奢望有人能永远在原地等待

人有千百种，树叶有千万样。

我们不能拥有一切，

只要我们能够欣赏，学会珍藏一份情。

世间任何生灵之间仿佛都有着早已注定了的缘分，什么时候相遇，什么时候离别，什么时候重逢，冥冥之中早有安排，并且这种安排不是人力所能随意改变的。当缘分来临的时候，你的内心可能充满着希望、感动，感谢上天赐予了你这样的一个伙伴，能与他共度一生是你最大的梦想；然而天下无不散之宴席，谁也不能与你终老，缘分必将离去……在你的伙伴以及那与他共度一生的梦想逝去的一刹那，你的内心必将充满惶恐。空虚、无助、痛苦将试图摧毁你那颗脆弱的心，因为你的记忆中充满了对他的回忆，点点滴滴的往事将久久萦绕于你的脑海之中。这就决定了我们要学会珍惜身边的每一份真情，因为每一份真情都是珍贵的缘分。

感情是属于意识范畴的一个概念，在人与人的交流里它会突然地出现，有情才有感，因有感又丰富了你的情。人生中因为能与不同的人相遇、相识，而使生活变得多姿多彩。当尘封已久的羞涩心灵开启时，会让你的感情丰富起来。"情感一点一滴的滋润与回报，良心一丝一缕的清白与坦诚，灵魂一寸一分的纯净与善良。"这些都是感觉给你带来的真情实感。我们只要学会珍惜和欣赏就够了。人有千百种，树叶有千万样。我们不能拥有一切，只要我们能够欣赏，学会珍藏一份情。

能被一个人关心过、牵挂过、喜欢过、欣赏过就是幸运的，也是值得庆幸的，它让我们知道，在人生的旅途中自己不是寂寞的、孤独的、无助的。这份情会让我们在以后的日子里有了更多的幸福和自信，会把那份心动永远埋藏在心里，学会用含泪的微笑为对方祝福。

有一个女孩，她的母亲在世时，每天都要给她打几个电话："下雨了，带把伞。""天冷了，加件衣服。""多吃点饭，别光想减肥。"她不胜其烦，每一次接电话，都会嚷嚷："妈，我又不是3岁的孩子。"后来，她的母亲去世。有一天下雨时，忘带雨伞的她走在雨中，一下子想起了母亲，她的眼泪流了下来。那一刻她终于明白，世上最爱她的人已经去了。在母亲活着的时候，她不曾珍惜。

有一位男士，与妻子的关系一直比较紧张。他烦她事事管着他：不许抽烟、不许喝酒、不许打麻将……他终于离她而去，尽情享受自由的生活。但好景不长，没过多久，他就因纵酒过度住进了医院。独自躺在医院的病床上，他心里想起以前生病的时候，他通常能喝到一杯妻子熬好的红糖姜茶……他终于明白，前妻的爱，就像夏日的阳光，热辣辣地让他想要躲开。而今在失去后，他不知道自己该拿什么来抵挡人生漫长的寒冬……

在这个世界上，谁都不会错失真正的太阳，毕竟，无论阴霾如何肆虐，太阳总会重新出现，可那些如同阳光一般平凡而宝贵的情感，一旦失去，就再也不会回来了。

人世间最宝贵的东西莫过于真情，最美的莫过于缘分，而且两者也同样都是可遇而不可求的，它们会在你毫无准备的不经意间与你邂逅；相反，它们也会在你的犹豫与抉择间与你擦肩而过，走的竟是那样地匆忙，如风般无痕，如光般闪逝，让你后悔莫及。现实生活中，有许多的人或事即是如此，当你信心满满地认为明天依旧可以有机会去面对它们的时候，它们却在你回头的一瞬间因你曾经的优柔寡断而与你失之交臂了。何等可惜，何等无奈，使你欲寻却不知它在何处，唯有眼睁睁地看着它们离你而远去……所以，我们一定要加倍珍惜自己身边你在乎和在乎你的人，珍惜身边的每一份真情。

② 家庭的幸福，也需要用心经营

家庭的幸福，

需要用心经营，

让家庭成为真正的心灵的港湾。

一个幸福家庭是什么样的？儿孙满堂、家财万贯、合家欢乐、大富大贵，父慈妻贤子孝……人们对于幸福家庭的追求是永无止境的，好了还想更好。似乎总有一个十全十美的目标树立在那儿。如果在众多家庭幸福的定义中只能选择一种，你会选什么？金钱、权势、地位？恐怕大多数的人会选择健康。也许没有舒适、华丽的房子，也许没有权势在握的父母和有出息的孩子，也许没高贵的门第，也许没有盘根错节的亲戚关系，也许只是千千万万平凡家庭中的一个，努力地维持着温饱生活，可是，只要家人是健康的，就有了走向幸福的基础。"健康是福！"只有全家人健康，才有走向辉煌明天的可能性。健康的体魄，是家庭崛起的起点，是一切可能性的开始。如果没有健康，纵然钱财满屋、权势冲天，又能怎样？无福消受罢了。虚弱的身体、病痛的折磨会让你的心冰冷，提不起劲儿往前走。"家有病人"也是家庭的大不幸，费钱费力不说，整个家庭的重心都会放在照顾病人身上，整天担心，百般忙碌，甚至要放弃一部分的工作来照顾病人。健康的身体，是家庭幸福的前提，是迈向幸福、快乐的起跑线。

光有健康的身体还不行，家庭和谐还要善于忘记。鸡毛蒜皮的小事不要放在心上，耿耿于怀是颗定时炸弹。

一对年轻的夫妻，刚结婚没多久。两个人都是大学生，工作也不错，为买房，所以每月都要还大笔的房贷。结婚后，丈夫更用心工作了，常常工作回来很晚，周末也会在家里加班。新婚夫妇自然是恩爱的，但是妻子明显感觉到丈夫对自己没有以前那么上心了。果然，女人是一娶到家就掉价儿的，妻子这样对女友发牢骚。女友就劝她说，男人不像女人，要养家、要有事业，他需要有自己的天地。妻子这么想，气也就消了，只是偶尔发发牢骚。两个人第一个结婚纪念日过得很浪漫，好像又回到了大学校园里谈恋爱的时候。日子就这样慢慢地过着。丈夫越来越忙，除了加班，还有各种难以推脱的约会。但不管多晚，妻子还是在家等他回来。两个人彼此倾诉工作上的不顺心和同事之间的小隔阂，感觉轻松和温暖。第二个结婚纪念日，两个人是分开过的，因为丈夫出差去了。妻子嘴上说理解，心里却并不好受。这次出差可以换成其他人，是丈夫为了表现而硬争取过来的。明知道是重要日子，干吗还要去抢着出差？这样的事情越来越多，妻子的生日、情人节，甚至春节回娘家，丈夫也缺席了。妻子跟丈夫理论当初的约定、誓言什么的，丈夫听得很不耐烦，说女人就是见识短，不懂得体贴。

两个人越来越感觉到对方的"变化"。丈夫出门的时候没有道别，不再主动刷碗，不再在意她的衣着……丈夫感到妻子越来越挑剔，总是在小事上找碴……在第三个结婚纪念日，两个人面对面地开始"谈判"了。妻子列出了丈夫的种种过失，长长的一个单子；出乎意料的是，丈夫也列了一个长长的单子，是关于妻子如何挑剔的。两个人交换来读，太长了，读着读着，两个人竟笑起来了。牙刷没有摆好，牙膏不是从下往上挤，拿她的家人开玩笑，没有按照约定去会见她的女友，在她生病的时候去和朋友打球……在丈夫列的单子上，同样有这样的"小细节"：总是看无聊的肥皂剧，没有为他的母亲准备生日礼物，不让他吃辣的食物，总是挑剔他的发型，在他的朋友面前表现得太小气，总是动不动就发脾气，做菜总是做得太淡……而这些在结婚以前，都是彼此知道的。那么，到底是哪里出问题了呢？也许不该太过于计较。

家庭是心灵的港湾，是我们可以放松、可以随意表露自我、可以获得温暖的地方。在家里，我们总是毫无顾忌地把自己最本真的一面表露出来，总是不想掩饰自己的情绪，总是渴望能得到家人的谅解和照顾。在家里，我们都想做个孩子。所以，家庭是心灵的港湾。生活中微不足道的"不顺心"，如果一点儿一点儿地累积起来，就会掀起"大风暴"。该忘记的时候要忘记，过去的就让它过去，你再整理、再理论，只会让关系破裂。想靠客观的分析和评判治理好一个家庭，是不可能的，只能靠细心的经营。

3

无论在哪里，记得告诉家人你的近况

不管你处于怎样的境地，都别忘了让家人与你分享。

家人，是你一辈子的牵绊和幸福，他们怀着爱与关怀看待你的一切。不说好话，也不说坏话，只说实在话。正因为有家人的守护，家庭才成为心灵的港湾。冰心说："母亲啊！你是荷叶，我是红莲，心中的雨点来了，除了你，谁是我在无遮拦天空下的荫蔽？"林肯说："我之所有，我之所能，都归功于我天使般的母亲。"摩尔说："走遍天涯寻不到自己所需要的东西，回到家就发现它了。"安德鲁·杰克逊说："母亲的记忆和她的教诲是我人生起步的唯一资本，并奠定了我的人生之路。"家人就是那个在你最需要的时候，毫不犹豫地给予你温暖和支持的人。不管你在外面的世界过得怎么样，是风光还是挫败，可是当你归来，总会有人在等你。史铁生曾经写过这样一段话：

现在我才想到，当年我总是独自跑到地坛去，曾经给母亲出了一个怎样的难题。

她不是那种光会疼爱儿子而不懂得理解儿子的母亲。她知道我心里的苦闷，知道不该阻止我出去走走，知道我要是老待在家里结果会更糟，但她又担心我一个人在那荒僻的园子里整天都会想些什么。我那时脾气坏到极点，经常是发了疯一样地离开家，从那园子里回来后又像中了魔似的什么话都不说。母亲知道有些事不宜问，便犹犹豫豫地想问而终于不敢问，因为她自己心里也没有答案。她料想我不会愿意她跟我一同去，所以她从未这样要求过，她知道得给我一点儿独处的时间，得有这样一段过程。她只是不知道这一段过程得要多久和这过程的尽头究竟是什么。每次我要动身时，她便无言地帮我准备，帮助我坐上了轮椅车，看着我摇车拐出小院。这以后她会怎样，当年我不曾想过。

有一回我摇车出了小院，想起一件什么事又返身回来，看见母亲仍站在原地，还是送我走时的姿势，望着我拐出小院去的那处墙角，对我的归来竟一时没有反应。待她再次送我出门的时候，她说："出去活动活动，去地坛看看书，我说这挺好。"许多年以后我才渐渐悟出，母亲的那番话实际上是自我安慰，是暗自的祷告，是给我的提示，是恳求与嘱咐。只是在她猝然去世之后，我才有余暇设想。我不在家里的那些漫长的时间，她是怎样的心神不定，坐卧难宁，兼着痛苦与惊恐与一个母亲最低限度的祈求。现在我可以断定，以她的聪慧和坚忍，在那些空落的白天后的黑夜，在那些不眠的黑夜后的白天，她思来想去最后准是对自己说："反正我不能不让他出去，未来的日子是掌握在他手中的，如果他真的要在那园子里出了什么事，这苦难也只好由我来承担。"在那段日子里——那是好几年长的一段日子，我想我一定使母亲做过了最坏的准备了，但她从来没有对我说过："你为我想想。"事实上我也真的没为她想过。那时她的儿子还太年轻，还来不及为母亲着想，他被命运击昏了头，一心以为自己是世上最不幸的一个人，不知道儿子的不幸在母亲那儿总是要加倍的……

你是否有时只顾着自己的生活、自己的感受，而忘记了还有人在陪着你一同经历？你快乐她就快乐，你难过她也难过。儿子的不幸在母亲那儿总是要加倍的，同样，儿子的幸福在母亲那儿也总是加倍的。也许你正迈向事业的巅峰，人生无限风光；也许你正陷入生活的泥淖，悲悼着自己的不幸而不能自拔；也许你正筹划着伟大的征程，准备扬帆起航；也许你正徘徊在寂寞的边缘，不知何去何从……不管你处于怎样的境地，都别忘了有人可以与你分享。你的家人一直在等待你的归来，与其费尽心力地去外面寻求，不如静下心，好好地享受和家人在一起的时光。把快乐和痛苦都通通倒出来，在家人的面前你可以实话实说。

4
婚姻从来是两个人的配合

婚姻，不是一个人的独舞，而是两个人的共舞，

所以需要互调协调，使彼此步调一致。

没有一百分的另一半，只有五十分的两个人。两个人能相遇、相知，最后走在一起是一个很艰难的过程，可是在一起后，又往往会发现一切都跟当初预想的不一样。当爱情中最初的梦幻和激情退去之后，他不再是她的白马王子，她也不再是他的白雪公主，而是明明白白、清清楚楚的一个男人和一个女人，他有自己的性格和生活方式，她也有自己的原则和人生态度，所有的这些都是独特的却并不是最完美的。两个人在一起，不是谁战胜谁，而是互相扶持、彼此磨合。当你埋怨对方没有替你着想的时候，先要看看自己是否配合了对方的步伐。爱情、婚姻就像是踢踏舞，要慢慢练习才能做到步调一致，如果只是一个人的独舞，也就失去了意义。

尽管我们曾经在寻找的时候注意选择和自己脾性相合、生活方式相近的人，但是有些时候要深入接触后才能了解。如果你想寻找到十全十美的另一半，还不如枕着黄粱做美梦。没有完全相同的两个人，也没有完全相同的两种生活习惯。摩擦是必然的。其实，我们的爱情、婚姻何尝不是如此？与其抱怨、发牢骚，不如静下心来想一想，是自己要求太多，还是对方做得不够？是自己的强求，还是对方的敷衍？

我们常常会抱怨、责备另一半为什么不能做得再好些，其实，人没有完美的，我们自己本身就不够完美，又怎么能去苛责别人呢？两个人在一起，不是为了谁去拯救谁，而且相互扶持、不断地自我完善，过上比一个人更好的生活。在生活中多一些宽容，多一分理解，就能海阔天空，有些事情不要太过于苛求完美，因为太过苛求完美，幸福则会离你越来越远。

5

再忙，也别忘了等你的人

事业与感情能否平衡，关键在于你愿意付出多少努力。

对一个成年人来说，人生有两个基点，一个是事业，另一个是感情。缺少事业，一个人无法确立自己的价值，会觉得自己无用，在另一半面前也觉得抬不起头，长期下去还会有很强的危机意识，担心自己成为另一半的负担；缺少感情，事业做得再大也没有最亲密的人分享喜悦，总觉得人生不够完整，年纪越大，越觉得自己形单影只，没有情感上的归宿感。

但是，当一个人开始谈恋爱、步入婚姻后，常常发现事业与感情出现矛盾。特别是现代人，每日生活忙忙碌碌，心情时常焦躁，没有多少时间去经营感情，导致现代社会的婚姻很像家庭旅馆，两个成员行色匆匆、疲于奔命。在这种情况下，感情越来越可有可无。没有精心维护的感情就像没有肥料的花，病恹恹地生长，总有一天会枯萎。

　　对于成熟的人来说，感情是事业的"后勤基地"，事业是感情的物质保障，他们能在感情与事业中寻找一个平衡点，让家人理解自己的事业，愿意成为自己的后盾；也不会无限制地忙碌，忽略家人的感受。面对两个同样重要的东西，比较毫无意义，最重要的是协调，这样生命才能平衡，才不会出现偏差。

　　自从交了女朋友，张志的生活有了很大改变。用钱锺书先生的小说《围城》中的话说，就像驴子突然有了赶驴子的人。女朋友各方面都很优秀，但有一个缺点：太爱管着张志。张志想要换一个工资低一些却发展机会更好的工作时，女朋友会反复讲述做工作应该稳重，不应该总想着跳槽，张志也知道，女朋友不同意的原因是新工作出差次数太多，二人离得太远。

　　张志是个有事业心的人，他希望自己能心无旁骛地工作，给家人和女朋友幸福稳定的生活，女朋友却总是抱怨张志不够体贴，整天只想着工作；张志希望自己的另一半也是个重视事业的人，女朋友却把家庭当作全部，甚至想辞掉现在这份前途好但忙碌的工作，找一个轻松稳定的工作，以便有更多的时间过二人世界。张志反复和女朋友分析他们所面临的状况，却发现他和女朋友根本无法沟通。

　　常言道，一个成功的男人背后都有一个默默付出的女人。由此可见，另一半是否愿意支持，是事业成功的重要因素。随着男女分工差异的缩小，默默付出的人不再局限于家庭妇女，不过，任何一方的成功需要的都是对方的体谅和支持，像故事中的张志的女朋友，显然就是在拖后腿。

感情可以是心灵的全部，但不是生活的全部。付出与体谅应该是双方的事，尊重自己的事业，也要尊重对方的事业，这就需要两个人互相体谅，寻找出最好的途径，兼顾家庭与个人发展，否则，只会出现恋人因现实压力分手，婚姻因两地分隔而解体。这些能够避免，却还是会出现别的事。家庭与事业之间并不是没有平衡点，以下就是一些简单的"平衡方法"：

1. 把家庭装在心里

现代社会生存压力巨大，想要做出一番成就，需要做出很大牺牲，其中就包括对爱情、家庭的注意力的消减。即使你的爱人能够体谅你，你也要用实际行动表示你的心里有家庭，每天都不要忘记和你的家人联络感情，哪怕时间很短，也好过什么都不做。

不但自己要知道，也要对家人表达清楚，争取得到家人的理解。在事业上有了什么变动，也要和家人商量，让他们参与其中，成为你事业的一部分，这样他们才能真正放下心里的小芥蒂，切实地为你的事业着想。

2. 合理安排自己的时间

当人一心扑在事业上的时候，恨不得一天有 48 小时，恨不得世界上其他东西统统消失，只有工作，这也是现代人的可悲习惯之一。工作狂虽然容易取得成就，支付的却是自己的时间与健康。如果我们没有一定的时间维系感情、休整身心，早晚有一天会发现自己的生命里只剩下工作，再无其他东西。

重视工作的人要特别注意合理安排时间，可以把休闲与和家人团聚合二为一。既照顾了家人的情绪，也舒缓了工作的压力，保证自己得到足够的休息，一举多得。如果事先商定的休闲活动被突来的工作打断，也要表达自己的歉意。

3. 别把工作带回家里

劳碌了一天，你身心疲惫，这个时候你应该把和工作有关的一切统统留在自己的公司，以轻松的心态回到家中享受天伦之乐。工作中的情绪更不应该带回家里，或者在工作中遇到不快，也不能拿家人当出气筒。将心比心，你劳累一天回家后，想不想看到自己的爱人板着一张脸，在你们的客厅继续加班？

事业与感情能否平衡，关键在于你愿意付出多少努力。即使工作再忙，你辛苦一点，打个电话多一句问候，就能让爱人理解你的苦心，只要坚持下去，你们会找到最合适的相处模式。还有，在某些时候、某种场合，事业和感情的确有轻重之别，但在任何时候都不要为了其中一个而完全放弃另一个。

6

朋友之间容不得苛刻和计较

将对朋友的猜疑写到沙滩上，

让其随风飘散吧。

宽容，当人生处于低谷时，要试着打开另一扇窗，或许会发现更美的风景。

在和朋友的交往中，由于自身或者外来的原因，双方之间可能因为一点儿小的摩擦相互之间产生猜疑。如果朋友之间因为猜疑而发生了误会，万万不可疑神疑鬼，务必保持头脑的清醒，想一想这种交情是否能够承受这次误解的冲击力。尽量站在对方的角度想一想，寻找消除误会的办法。

越是发生了误会，越要珍惜彼此的感情，要仔细权衡和对方的交情，切忌意气用事，要努力消除双方存在的猜疑。朋友之间的交往，最重要的是彼此的诚意和相互之间的信任；如果相互之间缺乏信任，只有猜疑，相互提防，就会失去友谊存在的土壤，最终会分道扬镳，形同路人。

世间没有绝对的对错之分。对与错，只是具体一个人的价值判断。当朋友无意之间伤害到了自己，应该站在朋友的角度上去理解。如果处处计较、横加指责、眼睛之中容不得半点儿沙子，既不能维持双方得之不易的友情，更会干扰自己的正常生活。对朋友的猜忌，或者因为自己的心胸狭隘，或者是因为对朋友缺乏了解，在这个时候放宽心胸是最重要的选择，把所有的不愉快都抛在脑后。相信朋友也有着自己的苦衷，做到彼此之间毫无芥蒂可言；相信朋友对自己的伤害是无意的，用一颗轻松愉快的心面对人生。

对待朋友无意间的伤害，拥有一个宽阔的胸襟，消除心里的阻隔，化解这一段不愉快的幽怨，这样才能维持一份友谊和感情。宽容的是别人，升华的将会是自己。

狄更斯曾经说过："我所收获的，正是我所种植的。"面对朋友的无意伤害时，我们应该考虑的是朋友的含义和这份友情的来之不易。如果不是朋友在生活、工作或者做事情上的帮助、关心、鼓励和支持，我们会拥有今天的成就吗？在中国人的观念中，友善是做人的根本，也是处世的学问。古人云："投桃报李。"别人为我们提供了无微不至的帮助，当眼前出现一点儿小过节的时候，没有理由恶语相加，而是应该设身处地地为对方想一下，毕竟，一般情况下朋友不会故意伤害你的。

朋友之间的相互信任就是要学会包容，有时包容朋友对自己的伤害，同时也快乐着自己。朋友的伤害，只是一个无心的错误，既然这样，就让一切不愉快都随风而去吧。计较过去的是是非非和生活中的琐碎小事，都是不必要的。昨日的乌云已经过去，就静下心来等候今天美丽的日出吧。

图书在版编目（CIP）数据

再美丽的未来，抵不过温暖的现在 / 方芳著 .—北京：
中国华侨出版社，2016.10

ISBN 978-7-5113-6361-9

Ⅰ . ①再… Ⅱ . ①方… Ⅲ . ①人生哲学 – 通俗读物
Ⅳ . ① B821-49

中国版本图书馆 CIP 数据核字（2016）第 237320 号

再美丽的未来，抵不过温暖的现在

著　　者 / 方　芳

责任编辑 / 文　蕾

责任校对 / 高晓华

经　　销 / 新华书店

开　　本 / 670 毫米 ×960 毫米　1/16　印张 /17　字数 /248 千字

印　　刷 / 北京建泰印刷有限公司

版　　次 / 2016 年 11 月第 1 版　2016 年 11 月第 1 次印刷

书　　号 / ISBN 978-7-5113-6361-9

定　　价 / 32.00 元

中国华侨出版社　北京市朝阳区静安里 26 号通成达大厦 3 层　邮编：100028
法律顾问：陈鹰律师事务所

编辑部：（010）64443056　　64443979
发行部：（010）64443051　　传真：（010）64439708
网　址：www.oveaschin.com
E-mail：oveaschin@sina.com